JN078446

気候変動に立ちむかう子どもたち

60 INSPIRING YOUNG PEOPLE SAVING OUR WORLD

世界の若者60人の作文集

アクシャート・ラーティ 編
吉森 葉 訳

太田出版

UNITED WE ARE UNSTOPPABLE
60 Inspiring Young People Saving Our World
Edited by Akshat Rathi

First published in Great Britain in 2020 by John Murray (Publishers)
An Hachette UK company

Copyright © Akshat Rathi 2020

Speech on page 104 © Ashley Torres 2020
Speech on page 132 © Holly Gillibrand 2020
Letter on page 150 © Laura Lock 2020
Diary entries on page 208 © Zoe Buckley Lennox 2020
Speech on page 240 © Carlon Zackhras 2020

Maps and internal illustrations © Naomi Wilkinson 2020

The right of Akshat Rathi to be identified as the Author of the Work has been asserted by him in accordance with the Copyright, Designs and Patents Act 1988.
First published in the English language by Hodder & Stoughton Limited

Japanese translation rights arranged with Hodder & Stoughton Limited, London,
through Tuttle-Mori Agency, Inc., Tokyo

目次

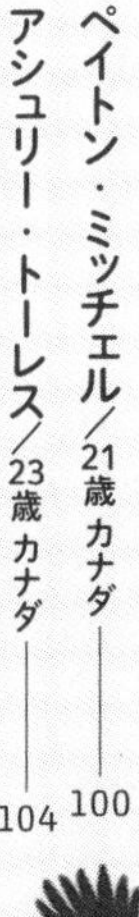

南アメリカ

ヨーロッパ

アフリカ

南極――205

オセアニア――217

はじめに

２０１８年8月20日の月曜日、当時15歳のグレタ・トゥーンベリは、ほんの一抱えのビラと、Skolstrejk för Klimatet（スウェーデン語で「気候のための学校ストライキ」）と書かれた板のプラカードだけを持ち、スウェーデンの国会議事堂前で座り込みを行った。グレタはその写真を何枚かソーシャルメディアに投稿したが、注目する人はほとんどいなかった。

次の日もグレタは、同じ場所でまたストライキを行った。今回は、仲間に加わった人たちが何人かいた。スウェーデン議会の総選挙が行われるまでの21日間、グレタはこのようにストライキを続けたが、その間、一緒にやろうとする人はどんどん増えていった。グレタの話はソーシャルメディアで拡散され、世界中の他の若者たちに、気候変動に反対するために立ち上がる勇気を与えた。

２０１９年3月15日の金曜日には、学校ストライキを世界全体で同時に行うことが呼びかけられた。グレタが1人だけで始めた抗議から7カ月が経っていたこのとき、アルゼンチンやオーストラリア、イギリス、アメリカなど、１２８カ国の２０００の都市や町で、１４０万人以上が、ストライキに参加した。ストライキの参加者たちは世界の首脳に対して、大きな声ではっきりとメッセージを発した。手遅れになる前に、気候変動対策を今すぐとらなければならない、と。

緊急の対策が求められているのは当然のことだ。２０１８年10月、国連の気候変動に関する政府間パネル（ＩＰＣＣ）は重要な報告書を発表した。そこでは、２０３０年までに根本的な対策をとらなければ、気候変動による壊滅的な被害を防げる可能性はほとんどなくなってしまうと述べられていた。つまり、二酸化炭素排出量を減らすために、世界全体がこれまでにない規模ですぐに行動しなければならないということだ。

地球温暖化という現象は、二酸化炭素などの温室効果ガスによって地球の気温が上がるという可能性が明らかにされた１８６０年代から知られている。そして今では、地球の気温が上がれば、ほとんどの生物にとって生きるのがより難しくなってしまうと、科学的にわかっている。耐えられないほどの熱波（ねっぱ）、鉄砲水、ハリケーンの激化、大規模な干ばつなどが引き起こされるからだ。

１９１０年代には、石油、石炭、ガスなどの化石燃料を燃やすことが、大気中の温室効果ガスの濃度を高めていると警告された。つまりここで、人間の活動が地球温暖化の一因だと明らかになったのだ。しかし化石燃料はとても利便性が高いので、それを手放すのは不可能だということも、歴史が証明している。際限のないエネルギーを簡単に手に入れられるようになったことで、西欧諸国は豊かになり、遠い未来の心配事を先延ばしにするための数多くの口実が考え出された。

化石燃料への依存を続ければ、広範囲にわたる恐ろしい被害が人類を待ち受けていることは、１９８７年までにはほとんど疑う余地がなくなっていた。海面上昇によって、島が丸ごと、あるいは沿岸地域の広い範囲が沈んでしまうだろうと科学的に予測された。また、異常気象のせいでとても多くの人々が移住を余儀なくされ、未曾有（みぞう）の規模の難民危機が起こる可能性もある。そして、邪悪な運命のいたずらだろうか、この結末に最も苦しめられるのは、これまで温室効果ガスをあまり排出せず、温暖化の大きな要因とはなってこなかった、貧しい国々の住民なのだ。

この30年間、問題に急いで対処する必要性は高まっていたが、実際に行われた対策はその緊急性と釣り合うものでは全くなかった。温室効果ガスの排出を削減する計画作りのために、世界中の国が協力する枠組み、気候変動枠組条約締約国会議（ＣＯＰ（コップ））が最初に開催されたのは１９９５年のことだ。しかし、地球の平均気温の上昇幅が２℃を「十分に下回る」ようにし、1.5℃までに抑えられるよう努力するという目標に、世界中のすべての国がようやく合意したのは、２０１５年にパリで開催された第21回ＣＯＰのときである。

このパリ協定は、バラバラだった各国を気候変動対策の旗印（はたじるし）のもとにまとめる出発点にはなった。それでも、世界は二酸化炭素排出量の最高記録を毎年更新し続けている。そして年を追うごとに、限りのあるカーボン・バジェット――２０１５年に定めた目標を達成するために排出することのできるCO_2の残りの量――が切り崩されているのだ。

これからの地球を受け継いでいく今の若者たちは知っている。もし実効性のある対策を今すぐとらなければ、自分たちが気候変動の最悪の結末に苦しめられなければならないということを。

グレタ・トゥーンベリは、気候変動に抗議する若者の運動の顔となった。グレタは鋼の意志で運動をリードし、はっきりと声をあげている。このような功績から当然、グレタは称賛されてきたし、これからも称賛の声はさらに高まるだろう。しかしグレタは、そのように持ち上げられることを自分で良しとはせず、自分がこの運動のリーダーというわけではない、と明言した最初の人物でもある。

2019年にマドリードで開催された国連の気候変動サミットの際にグレタは、世界中で気候変動の危機と闘っている他の若者たちに注目するようにと、メディアに呼びかけた。「私たちは恵まれた環境にいて、私たちの訴えは繰り返し報道されています。でも本当に伝えられ、耳を傾けられなければならないのは、私たちの声ではないのです」と。

グレタのストーリーは数多くある中の1つだ。この本はその「数多く」の部分に焦点を当てている。読者は、地球を救うために世界のあらゆる地域で闘っている、41の国の60人の若者たちについて知ることができる。

例えば、カナダのクリケット・ゲストは、先住民が住む地域を通る石油パイプラインの建設反対を掲げて抗議している。インドのアディティア・ムカルジは、飲食店でのプラスチック製ストローの扱いを変えようとしている。ハイチのヴィヴィアンヌ・ロックは、気候変動に対する抗議運動の中で、女性の声がしっかりと届けられるように活動をしている。アメリカのシャノン・リサは化学物質汚染を探知する活動をしており、気候変動によって引き起こされるさまざまな異常な現象のせいで、強い毒性を持つ化学物質が自然環境へ流出してしまっていると突き止めている。マーシャル諸島のカーロン・ザクラスは、海面上昇のせいで自分の故郷がなくなってしまうと世界に訴えかけている。ケニアの高校生ルセイン・マテンゲ・ムトゥンキは、サッカーでゴールを決めるごとに木を1本植える活動をしていて、多くの人に一緒に取り組むように呼びかけている。他にもたくさんの若者が、変化をもたらすために力不足な存在など誰もいないのだということを証明している。

この若者たちは、気候変動に対する抗議運動に新たな活力を吹き込んでいるだけではない。新しい視点と手法、そして不動の決意をもたらしてもいるのだ。若者たちは世界のあらゆる事柄がつながっているということだけでなく、これまで作られてきたさまざまな分断の橋渡しをしていく方法も心得ている。気候変動を止めるためには温室効果ガスの排出を減らす必要があるが、そこに行き着くためには、社会のもっと根深いところでずっと続いてきたさまざまな不公正を直視し、それらをなくしていくことが求められる。このことを若者たちはよくわかっているのだ。

若い世代による気候変動に対する抗議運動は草の根的に次々と発生し、何百万人もの人を巻き込み、世界全体の空気を変えるにいたった。新型コロナウイルスの流行で、世界がまた新たな危機に瀕している昨今の状況の中でも、若者たちは科学にしっかりと基づいた主張をし、謙虚さも失わない一方、自分たちに降りかかる攻撃や非難にも臆せず立ち向かい、オンラインで抗議運動を続けている。その様子を見ると、運動はこの危機的状況にも負けずに続いていくと考えて良さそうだ。

気候変動は今後何十年にもわたって、世界中のすべての人々に影響を及ぼす。だからこそ、それを食い止めるために、持続可能な世界規模の運動が必要なのだ。グレタのストライキはたった1人で始まった――そしてグレタの声を届ける人たちがいたからこそ、多くの若者が、自分も運動に参加してみようという勇気を出すことができた。この本で伝えられる若者たちの声はきっと、さらにたくさんの人々を動かすきっかけになるだろう。

アクシャート・ラーティ

2020年4月

アジア

アジア 人口：44億人

気候変動がもたらす大きな課題

● 沿岸地域に集中する人口

2100年までに海面が1メートルから3メートル上昇する可能性がある。そうなると、バングラデシュでは国土の3分の2が海抜5メートル未満となってしまう。2050年までには、バングラデシュの7人に1人、東南アジア全体では6億4000万人以上が、住む場所を追われることになる。

● 激化する暴風雨

アジアの沿岸部に住んでいる多くの人々は、気候変動による激化が予想される台風やサイクロン（インド洋などで発生する熱帯低気圧）のような異常気象の被害を受けやすい。

● 水不足

アジアの西側は地球上で水不足が特に著しい地域である。1998年から2012年の間に、東地中海のレバント地方では過去900年で最悪レベルの干ばつが発生した。地球の気温が上がれば、干ばつが起こる可能性も高くなる。

● 氷河の融解

気温の上昇によって氷河がとけている。特にヒマラヤ山脈の氷河は、長江やガンジス川、インダス川といった世界最大級の河川の水源となっている。ヒマラヤの氷河に蓄えられている淡水は、10億人以上の人々の生命線となっている。

※上記データについてはP.243参照

アディティア・ムカルジ

16歳　インド

２０１７年に、僕はウミガメが鼻の穴に詰まったプラスチックのストローを引き抜いてもらってる様子を写した、痛ましいビデオを見た。その様子は僕の頭にこびりついて離れなくなった。だから、こういうことをなくすにはどうしたらいいんだろうって思って、読めるものは何でも読んで、いろいろ学び始めたんだ。この状況を変えたかった。目に見える変化を生み出し、この問題について多くの人に知ってもらうための力になりたいと思ったんだよ。

プラスチックのリサイクルは、実際はプラスチックをどんどん消費し続けてるのに、何か良いことをしてるっていう間違った思い込みを人々に植えつけてしまうから、最後の手段であるべきだ。それに、プラスチックが無限にリサイクルできるなんてことは絶対にない。結局は埋立地や海に捨てられて、地球を汚染するんだから。

僕が始めたキャンペーンは「#RefuseIfYouCannotReuse」（リフューズ・イフ・ユー・キャンノット・リユーズ：再利用できないものは利用しない）っていう名前だ。これはプラスチック製ストローとか食器類、飲み物のボトルや食べ物のパック、それにバナナなどの果物や野菜を包装してるストレッチフィルムみたいな、使い捨てのプラスチックを日常で使用することに反対する運動だよ。使い捨てプラスチックの製品を最も多く使ってる、飲食業界のことを考えた。

まずは、多分、世の中で1番むだなものと言ってもいいと思う、プラスチックのストロー に焦点を定めた。初めのうち、お店はお客さんが不満に思うのを恐れて、プラスチックのス トローの取扱い中止には後ろ向きだったんだ。そこで僕はお店に、「このお店は地球の環境を 守るための取り組みをしています」って説明した看板を掲示してくれるように頼んで、プラス チックのストローを提供するのは、お客さんがほしいと言ったときだけにしてもらうことにし た。次に僕は、環境に優しいストローの使用をお店に提案し、その供給元を見つけてきて、お 店と契約してもらった。これまでの努力の結果、2600万本以上のプラスチックのストロー と、その他、とても多くの使い捨てのプラスチック製品を、環境に優しい製品に替えることが できたんだ。

また僕は、デュポンやシェルといったグローバル企業で働いてた父が教えてくれた、研究 データや知識の量にとても驚いたよ。それを見ると、産業界は自分たちが引き起こした問題を 知ってるのに、それを変えていく意志がないってことがよくわかった。僕たち自身や周囲の人 たちを啓発するために、消費者である僕たちが、良くないものは拒否するという力を行使して いかなきゃいけないね。

＊

この地球が存在し続けるなら、10代の僕は学生の本分もちゃんと果たさなきゃいけないし、キャリアも必要になってくる。でも、僕は気候危機とともに生きてるんだ。例えばインドでは不適切な方法で習慣的に行われてきた農業のせいで、地下水の水位が危険なところまで下がってしまってる。北インドでは稲刈り後の切り株を燃やすんだけど、それが大気を汚染して、僕の家族を含む住民の健康に、取り返しのつかない損害を与えてもいる。

世界最大級の人口を持つインドは、気候変動の悪影響も最大級に受けることになる。でも、国はそれに対処する力を十分に備えてないみたいだ。僕たちはまだ貧困問題を緩和するために奮闘してる。だから、人々の向上心を政府が規制しちゃうことは、政治的なネックになるんだ。僕は経済のピラミッドの底辺にいる人たちの生活の質を上げて、絶望的な貧困に苦しむ層と、呆れるほど豊かな層との間にある差を埋めたいって考えてる。そのためにインドは、環境を犠牲にして発展する道じゃなくて、環境に配慮しながら発展していく道を選ばなきゃいけない。政治家たちの未来に対する責任感が求められてるけど、今はそれが足りてないみたいだね。

気候変動への抗議運動に参加して、政府にこの問題に注目してもらうことしか、僕にできることはない。僕たちみんなが協力して、政府に対しては規制を設けるように、そして消費者に対しては消費行動を変えるように強く求めていかないと、僕たちは暗い未来を迎えることになっちゃうんだよ。

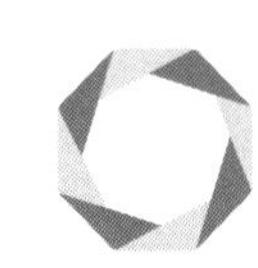

テット・ミエット・ミン・トゥン

18歳　ミャンマー

2008年5月、ミャンマーにサイクロン・ナルギスが直撃し、ミャンマー史上最大の災害となった。何千人もの人が命を落とし、何百万人という人が家を失ってしまった。当時、僕は6歳ぐらい。サイクロンの様子を、家族と一緒に家の小さな窓から見てたのを覚えてるよ。風で木が根こそぎ引き抜かれて、建物の屋根が真っ二つに割れた。僕が住んでた都市ヤンゴンは、デルタ地帯の他の場所に比べたら犠牲者が少なかったけど、サイクロンが過ぎ去った後には、誰も予想しなかったような痛ましい光景が広がってた。

今でもあのときの惨状を思い出すと、風の音が聞こえてくる気がするよ。あれからしばらく経って、理科の時間に、気候変動について習った。具体的には、気候変動の原因とその影響、それに森林伐採、温室効果ガスと地球温暖化などについてだった。ここで得た知識を、サイクロン・ナルギスのときに自分が実際に目撃したことと結びつけて考えてみると、手遅れになる前に気候変動に対して手を打たなくちゃいけないってことがわかり始めたんだ。

僕はミャンマー国民が、もっと気候変動に意識を向けてくれるように運動をしてる。ある病気の種類や特徴がわかれば、それを治療するのはもっと簡単になる、みたいな感じ。ミャンマーでは、政治的な権利や教育、保険制度など、まだまだ基本的な権利を求めて国民が闘わなきゃいけない状況だから、気候変動とその被害に対する意識はそこまで高まってない。ミャンマーの国民は2つの重要なことに気づくべきだと思うよ。1つは、気候変動こそが今や人権を侵害しているってこと、そしてもう1つは、すべての人に、地球の住民として環境を守る責任があるってことだ。

若い世代の運動家として活動するにあたっては、難しい課題がたくさんあるけど、中でもリソースの少なさ、つまり資金と情報とネットワークが乏しいってことが、一番難しいと感じることかな。若い運動家たちがネットワークを広げて、問題やその解決策、それに情報や経験を共有するための土台が、地域レベルでも国際的なレベルでも、もっと必要だよ。

*

僕は将来、政策立案に携わりたいって考えてる。ミャンマーのような発展途上国にとって、気候変動のリスクは大きい。気候変動によって沿岸部の町では洪水が起こり、とても多くの人が国境を超えた大規模な移住を強いられ、食料や水資源が不足するだろうっていういくつかの予測が、すでに出てるんだ。もしこの予測が的中してしまったら、経済基盤と十分な財源、それに進んだ技術を持ち合わせてない僕の国の政府では、簡単に解決できないと思う。こういう危うい状況になれば、市民の不満も溜まりやすくなって、地域の安定と治安が崩壊してしまう危険もある。

　ミャンマーで気候変動の影響を最も受ける産業といえば、国の経済基盤のとても多くの割合を占めている農業だ。モンスーン（訳注：インドや東南アジアで、夏の南西風によって起こる雨季）の時期の天気はますます予測不可能になって、異常気象の数も増えてる。サイクロンや異常な豪雨、干ばつといった現象は、農作物に質的にも量的にも損害を与えてるんだよ。

　こういう先例のない異常気象は、ミャンマーに住む多くの人の、健康で安定した生活にも影響を与えてる。例えば、干ばつはたくさんの地域で夏の水不足を引き起こしてるし、雨季の洪水や土砂崩れのせいで、毎年何千人もの人が住む場所を追われてしまってる。

　ミャンマーは、気候変動の大きな原因を作ってる国ではないけど、地球温暖化の影響に対しては世界の中でもかなり弱い国なんだ。ミャンマーの商業の中心地ヤンゴンを含む沿岸部の都市は、海面上昇によって危機にさらされてる。国内の広大なデルタ地帯でも、海水が地下水を汚染し、農地を荒らし、多くの町や村の土地を浸食するから、みんな苦しめられることになるだろう。

　自分の国の首脳陣に僕が強く求めたいことが3つある。1つ目は、気候変動を正しく重視すること。気候変動に立ち向かうために、専門家、科学者、運動家たちと協力してほしい。僕たち一般市民が個人でできることもいくつかあるんだけど、それ以外のことは、僕たちがどれだけ一生懸命に頑張っても、政府の支援がなければ成り立たないから。2つ目は、経済発展と環境保護のバランスを取ること。ミャンマーは今、世界に扉を開いて産業化を加速させてるけど、その代償として環境を脅かすことがあってはならない。きれいな水を飲み、澄んだ空気を吸い、自然の美しさを楽しむ権利は未来の世代にもあるんだから。3つ目は、気候変動によってこれから起こりうる危機に備えるために、具体的な戦略と応急策を練ること。サイクロン・ナルギスのときには何千もの命が失われた。そのような惨事を繰り返してはいけないんだ。

それに、すべての人、すべての組織、すべての国に対して、政治を含めた何か別のことに気候変動を利用するのはだめだって、強く言いたい。気候変動が人々や党派や国家を分断することはあってはならないんだよ。職業や専門、出身地、何を信仰してるかとか、どの政党を支持してるかとかに関係なく、みんな気候変動に立ち向かうために団結するべきなんだ。異なる国や人々や組織が協力して頑張れば、僕たちは気候変動の難題を乗り越えるっていう、人類史上最大の成功をつかみ取ることができる、僕はそう信じてるよ。

この闘いを成功させるには、4つのことが必要だ。科学的な知識、知識を運用する知恵、粘り強さ、そして決断力。気候変動の問題を解決するための知識と知恵を僕たちはもう持ってる。つまり技術的な解決策はわかってるはずだ。気候変動対策のためには今、粘り強さと決断力が求められてるんだよ。

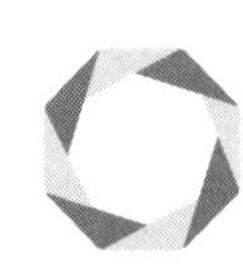

タチヤナ・シン

26歳　ウズベキスタン

私は幼いときから、人間の活動が自然にどれほど大きな影響を及ぼすかを実感してきました。私の出身はアラル海の近く、というより、アラル海の残骸（ざんがい）の近くの出身です。私は毎日、人間の環境破壊によって引き起こされた悲劇の影響を目の当たりにしています。汚染された水や土壌や大気、それに、人々の健康状態の悪化という形で、環境破壊の悲劇は現れています。

私の母は、地域の住民や農家が汚染された環境の中でもなんとか生きていけるように支援を行っている、KRASSというNGOの理事を務めています。母の姿に私は感化され、自分でも運動を始めました。母のNGOの使命は、農村地域の生計の改善と貧困の軽減、ならびにウズベキスタンの農村部の長期的な食の安全性と環境の持続性の向上に貢献することです。母が熱心に働く姿と、その仕事が特に前向きな成果を挙げている様子を間近で見ていなかったとしたら、私はこの進路を選ぶことはなかったでしょう。助けるべき人たちがいるのに、無関心ではいられません。

母をお手本にして、私は大学に入ってすぐ、環境保護団体で働くことを目指しました。ユネスコのタシケント事務所でインターンをしたときに、自然災害と気候変動の被害にどのように立ち向かっていくべきか、自分の考えが固まってきました。しかし私は、人間の行動が引き起こしてしまった被害に適応するより、それを防ぐ方法を考えたほうがいいと思い、そちらの道を模索することに決めたのです。その後、経営学の修士課程に在学していたときには、ウズベキスタンの企業のために、社会的責任の観点を取り入れた企業戦略の開発に取り組みました。私が目指しているのは、農業の持続可能性を高めることです。

気候変動に関連する問題の中で、ウズベキスタンが直面している特に大きなものは、我が国唯一のきれいな水源である氷河がとけていることです。ウズベキスタンの経済の中核は農業なので、主要な水源であるティエンシャン山脈の氷河から供給される水は、私たちの存在を左右するほど重要なものです。地球温暖化を止めるために温室効果ガスの排出量を削減しなければ、農業に従事している人々の生活は脅かされるし、地域社会は唯一の水源を失うことになってしまいます。絶えず上昇していく気温と、頻発する水不足は、これまでもすでに貧しかった人々の生活状況を、さらに劇的に悪化させてしまうでしょう。

＊

地球の未来を担っていくのは若い世代です。だからこそ、若い人たちに気候変動についての知識を深めてもらい、対策のための活動をしようという気持ちを持ってもらうことが大切なのです。教育機関は、若い人たちの環境問題に対する意識を高め、問題に適応する方法だけでなく、それを防ぐ方法も教えなければなりません。イタリアにならって、気候変動と環境問題についての学習を、すべての教育段階で必修にしようではありませんか。

気候変動は現代世界の不幸な現実ですが、それを変えることができるのは若者たちです。人々の意識を高め、気候変動を引き起こすような人間の営みを止めるために運動をしている若いリーダーたちは、どんどん増えてきています。若い人たちが地域レベルでも、国家レベルでも、そして国際的なレベルでも環境問題について声をあげられるような機会を提供すること、これが各国の政府の責務です。

TOPIC
アラル海の消失

アラル海はかつて世界で第4位の大きさを誇る湖であった。しかし、とりわけ綿花産業に大量の水が必要とされたことで、90%もの水が失われてしまった。これにより湖底の大部分が露出し、塩を含んだ大規模な砂嵐が起こり、近隣住民の呼吸器疾患の増加につながっている。

気候危機を不安に思っている人たちに、どんなことを伝えたい？

気候危機を気にかけたり、不安に思ったりするのはそれ自体、意味があることです。問題を気にかける人たちがいるからこそ、変化が生まれるのです。どんなに小さなことからでもいいので、変えていきましょう。自分ができることからやっていき、さらには、自分ができないと思っていることでもやってみる努力をしましょう。

トミタ・アカリ
16歳、日本出身・アメリカ合衆国在住

気候危機がどれだけ恐ろしいか、よくわかるわ。もうできることはないんじゃないかと思ってしまう気持ちもわかる。でも私たちにはまだ、なんとかする時間があるよ。ぜひ声をあげて、地元の政治家にコンタクトを取って、自分の身近なところで気候変動がどんな重要な問題を起こしているかを発信し、私たちと一緒にストライキで連帯しよう。

テレーザ・ローズ・セバスチャン
16歳、インド出身・アイルランド在住

不安に思うのは自然なことです。気候変動は私たちの存在を脅かしているのですから。気候変動との闘いを支援するグループや組織の一員になりましょう。気候変動の影響をどのように減らすことができるか、仲間と議論すれば、その不安もいくらか軽くなるかもしれませんから。

ナスリーン・サイード

27歳、アフガニスタン出身・アメリカ合衆国在住

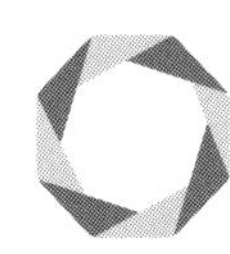

イマン・ドーリ

28歳　イラン

抗議は現状に不満であると意思表示をする1つの方法だけど、必ずしも気候変動と闘うための最善の手段ではないと僕は固く信じている。この地球が危機に陥っていると伝えたとしても、自分たちの短期的な利益のことだけを考えるあまり、現状を受け入れようとしない人たちはいるんだ。だから、もし気候変動に対する抗議運動をやるなら、その2倍の時間を、実効性があり多数の人が満足するような解決策を探すために費やすべきだと思う。

それが、僕の行っている運動の第1の目標が大学である理由だ。僕は大学に対して、気候変動対策の先進的な組織となるように求め、学生と教職員が協力できるように働きかけている。

イランは乾燥帯と半乾燥帯に位置する国だ。この地で僕は、気候変動が人間にどれほどの影響を与えているかを、干ばつから鉄砲水に至るまで、自分の目で直接見ている。そういう問題を見てきたことが決め手となって、持続可能な発展について学べる、土木環境工学の修士課程に進学したんだ。修了後は、引き続き大学のサステナビリティ・オフィス（訳注：大学でのサステナビリティ（持続可能性）に関する研究活動や教育活動を支援する組織）で働いているよ。

鉄砲水の被害も近年では破壊的になってきているけど、イランが直面している気候変動による主要な問題は干ばつで、これからさらに悪化すると予想されている。僕はイランの首都テヘランに住んでいる。テヘランはインフラが整備されているので、小さい町よりは、気候変動の影響を強く感じることはない。しかしイラン経済の大部分を占めているのは農業だから、水を豊富に使えない状態は打撃となる。

少なくとも発展途上国では、経験豊かな人々や経営者、権力者から僕らはまだ信頼されていない。それが若い世代の運動家の大きな課題だと時折感じる。それでも世界の気候変動対策運動に目を向けると、若い世代にこそ最も影響力があるということがわかる。グレタ・トゥーンベリさんがそのいい例だ。グレタさんは若くして、世界中で非常に多くの人々を感化するような運動を始めた。若い世代はこれから気候変動による被害と向き合っていかなければならないから、僕たちこそが、どのように解決策を講じていくかを決めるにあたって、重要な役割を担うべきなんだ。

僕の両親は、僕が気候変動と闘うために努力していることを誇りに思ってくれてはいる。でも、安定した収入が必要だから、僕の将来について心配もしている。環境問題は通常、発展途上国においては優先順位の高い課題ではないから、そこに割り当てられる財源も大きくはない。発展途上国で環境問題を改善するための運動がなかなか進まない大きな理由は、ここにあると思う。

以前は、僕たちのプロジェクトも国際的な財政支援を獲得できる機会があった。しかしイランに対して国際的な制裁が課された結果、支援の道は閉ざされてしまった。制裁は環境問題や一般の国民とは関係のない理由で行われるものだけど、国のすべての面に影響を与える。気候変動は人々の命を直接脅かす要素の1つだから、世界の首脳はもっと関心を持つべきなんだ。

TOPIC
イランへの国際的な制裁

2020年、アメリカは2018年にイランに課した制裁を更新した。制裁によってアメリカ企業は、イランとの商取引ばかりでなく、イランと商取引をしている別の国や企業との取引も禁止されている。このような制裁は、気候変動とは関係のない地政学的な理由で導入されるものだが、イランの経済に悪影響を与えている。

口先だけの言葉を発する人より、行動する人がもっとたくさん求められている。

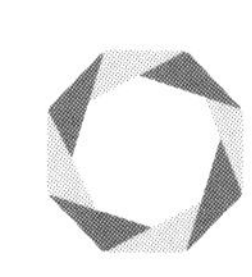

ハウェイ・オウ

17歳　中国

私は、中国政府に対して、パリ協定の枠組みに沿った気候変動対策を行うように求める運動をしています。私が運動を始めたのは、世界中で何百万人もの人たちが気候変動対策を求めて運動しているのに、中国では誰も行っていなかったからです。

まずは２０１９年５月に、グレタ・トゥーンベリさんが呼びかけた〈未来のための金曜日（フライデーズ・フォー・フューチャー）〉の学校ストライキに参加するところから始めました。私は地元政府の庁舎前に立って、気候変動への対策強化を訴えました。私の両親は最初、私が政府に対して抗議すると聞くととても心配し、やめるように私を説得しましたが、私は聞きませんでした。私が警察の取り調べを受けると、抗議運動は両親に禁止されてしまいました。

このような状態で同じ形の運動を続けていくにはとても勇気が要ります。でも、私は自分がそこまでの勇気を出すことはできないと思いました。そこで代わりに、２カ月以上もの間、中国各地を１人で回り、気候変動について私と同じ考えを持つ人たちや、環境保護の活動をしているＮＧＯなどを探して訪ねました。そこで出会った人たちは私の思いをよくわかってくれました。

2019年9月13日、私は「#PlantForSurvival」（プラント・フォー・サバイバル：生き残るために木を植えよう）という運動を立ち上げました。私たちは、中国政府がパリ協定に沿った気候変動対策を実行するまで、毎週金曜日に木を植える活動を続けていくつもりです。現在、私は雲南省でホームスクーリングを受けて勉強し、金曜日には木を植え、クラスメートたちにも気候危機についての意識を持ってもらえるように頑張っています。

TOPIC

中国の影響

中国は温室効果ガスの最大の排出国であり、その排出量は世界全体の4分の1以上を占めている。また、世界最大の石炭消費国であると同時に、世界最大の再生可能エネルギーの開発国でもある。中国が気候変動にどのように対処していくのか、その選択は、地球温暖化を食い止めるための世界全体の取り組みに大きな影響を及ぼすことになるだろう。

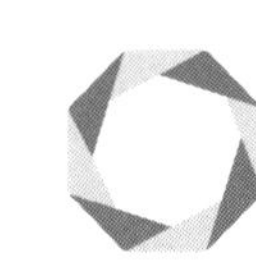

テレーザ・ローズ・セバスチャン

16歳　インド出身
アイルランド在住

２０１８年８月、私は結婚式に参列するために、生まれ故郷のインドに帰省したの。普段は会えない家族に会えるから、インドに帰るのを私はいつも楽しみにしてる。でもその月、インドのケーララ州はとても激しい豪雨に見舞われた。この豪雨はケーララ州内のたくさんの町で、大規模な洪水を引き起こして、４００人以上の死者が出てしまったわ。

私は家族と一緒に洪水の中で身動きがとれなくなった。私たちの町パーラも大きな被害を受けたの。私たちがいたアパートの外では、水が私の首ぐらいの高さまで来てた。私の兄弟の１人は、その水の中を泳いで町の中心部に行かなきゃいけなかった。でも私たちは運のいい方だったと思うわ。他の町は完全に水に浸かってしまい、家は崩壊し、人々は安全な逃げ場所を求めて悲鳴をあげながら、屋根の上から動けなくなってた。私たちは運良く空港まで行く方法を見つけることができて、今住んでるアイルランドへ帰る便に乗れたの。

コークに到着すると、アイルランドに戻って来られて、これまで通りの生活を送れる自分はとても恵まれてるんだって気づいた（ケーララ州の多くの人は家を建て直さなくちゃいけなくなったから。そのお金がない人たちはホームレス状態になってしまったわ。大切な人を災害で失い、お葬式に出なければならなくなった人もいる)。自分がどれだけ恵まれてるか知ったとき、同じような災害がまた起こるのを黙って見てるわけにはいかないんだって気づいた。

私は気候変動対策が不十分なことに対して、みんなが現実を知ろうとしないことに対して、そして利益だけを求める企業の欲望に対して抗議してる。印刷された紙切れが今日の何千人もの命、明日の何百万人もの命よりも大切にされるところまで私たちの社会は「進んで」しまったわ。気候変動は悪化する一方で、これからすべての人に影響する。これはいわゆる「発展途上国」だけの問題ではないの。気候変動の影響はどこにだって現れるから。フランスでもアンゴラでも、ペンシルベニアでもインドでも。

ストライキや気候変動対策の会議のために学校を休まなくてはならないことも何度かあったよ。学校は大好きだけど、状況を変える力になるため、私の声を届けるためには、犠牲にしなくちゃいけなかった。学校を休んだ分、自分で追いつかなくちゃいけないから大変。学校ストライキは必要だからやってることで、「サボりたい」からやってるわけじゃないわ。私は将来、弁護士になりたいと思ってる。だから、教育をしっかり受けることも私にとってはとても大事なことなの。

私がまだ若いからっていう理由で、多くの人が私に耳を貸そうとしないこともよくあるわ。まだ大人じゃないんだから、気候変動に対して何か行動したり、状況を変えたりするのは無理だって言われる。でもそういうことを言われるからこそ、私は確実に自分の声を届ける必要があるってますます考えるようになったわ。

私の年齢は、海外で行われる会議に参加する障壁にもなってる。私は自分のできる範囲での持続可能な移動を目指してて、飛行機を使わないようにしてるの。でも私は島に住んでるし、18歳以上じゃないと1人でフェリーに乗ることはできない。私の両親も、私が1人で会議に出かけていくことを心配してる。そんな心配をしながらも、応援してくれてるけど。でも私の運動を受け入れてくれるまでには、両親にも大きな心の葛藤があったわ。

アイルランドは人口が少ない国だから、みんなは気候危機に対する闘いに「貢献できることはない」って考えてる。でもそれは間違いよ。アイルランドにはパイオニアとなって、気候変動対策の目標をどのように達成するか、他の国にお手本を示してほしいと思うわ。

＊

あるストライキのとき、10歳にもならない小さな子どもたちが、私と一緒に参加してたことがあった。こんな小さな子でも気候変動への危機感を持ってるんだって、私は心を打たれたわ。私と同じように、その子たちも未来を不安に思ってるんだよ。その子たちは、**未来がほしい**（I Want a Future）と書かれたプラカードを持って、私たちと一緒にデモ行進をした。スピーチの後で泣き出してしまう子たちもいたわ。このとき私は、これは私だけのための闘いではないと気づかされた。今では私は、すべての人の未来、将来の私の子どもたち、それに未来の世代のために抗議運動をする決意だよ。まだ未来を救うための時間はある。それを知ってるから、私は抗議運動を続けていくんだ。

みんなのために闘ってるよ。一緒に闘おう。

ナスリーン・サイード

27歳　アフガニスタン出身
アメリカ合衆国在住

不安定な発展途上国の出身であること、タリバンによる統治のさなかに難民キャンプで生まれたこと、家族と村の中で初めて大学に進学した女性であること――この自覚が、何をやる際にも私の原動力であり、指針となってきました。

私はアフガニスタンとアメリカの二重国籍です。気候変動がアフガニスタンとの関連で話題になることはめったにありません。しかし、アフガニスタンでは激しい干ばつが起こっていて、水や土地をめぐる紛争が懸念材料となっています。これからの降雨量の減少と平均気温の上昇が科学的に予測されていて、土地の劣化と砂漠化につながるとされているのです。

環境の不適切な管理、環境政策の欠如、短期的な経済的・政治的利益のために犠牲になる長期的な持続可能性――このような課題に触発されて、私は現在の進路を選びました。子どものときから私は、持続可能性と人間の発展に関連するいろいろな問題に接してきました。そしていくつもの国を見て回ると、全世界的に協議されなくてはならない事柄、特に環境に関する課題と政治への関心が高まっていきました。旧ソ連時代からの化学廃棄物がアゼルバイジャンの貧しい地域の住民に悪影響を与えている様子や、スーダンにおける干ばつ、湾岸諸国での化石燃料の過剰な消費など、あらゆることを私はこの目で見てきたのです。

現在、私はアメリカのカリフォルニア州に住んでいます。ここでも、特に森林火災の件数の増加や、繰り返し起こる干ばつという形で、気候変動は私たちの暮らしに大きな影響を与えています。火災のせいで住んでいる場所から避難しなければならなくなるのではないかと、自分の将来のことも心配になります。

私は先頭に立つ運動家ではありませんが、公正な環境政策と気候変動対策を求める多くの運動に参加したり、それを支援したりしています。私はシティズンズ・クライメート・ロビー（Citizens' Climate Lobby）（訳注：環境保護を求める市民団体）の一員として、炭素税と炭素配当（訳注：二酸化炭素排出量に課税することで、二酸化炭素排出が少ない製品が市場で有利になるように調整し、その税収をベーシック・インカム〈炭素配当〉の形で国民に還付することで、エネルギー価格の上昇に対応できるように国民を援助する仕組み）の実現を目指すとともに、グリーン・ニューディール政策（訳注：気候変動対策と経済格差是正の両方を目指す経済刺激策。環境・エネルギー分野への積極的な財政出動を提唱している）を推進するサンライズ運動（訳注：アメリカで起こっている、気候変動対策とその過程での雇用創出を求める運動。グリーン・ニューディール政策を支持している）の一員としても活動しています。

リヤーナ・ヤミン

27歳　マレーシア出身　台湾在住

私は、特に気候危機を解決するにあたっての、若い世代の積極的な参加とエンパワーメント（訳注：ひとりひとりが社会参加に必要な力をつけること）を支援する運動をしています。気候変動の影響と闘う方策を打ち出し、実行していく力を若者は持っている、そう私は信じているのです。マレーシアは洪水や、地すべり、森林火災、津波、サイクロンなどの気象災害に弱い国です。現在のマレーシアでは降雨量の変化、異常気象の増加、海面水温の上昇、そして海面の上昇が実際に起こっています。

私がマレーシアのトレンガヌ州で勉強していたときは、2014年にモンスーンによる大規模な洪水を経験しましたし、毎年9月から10月にかけては、インドネシアでアブラヤシ畑が燃えることで発生する、国境を超えた煙霧を目の当たりにしました。そうして私は、地球が危機に瀕していると気づいたのです。

もし地球の気温が1.5℃上昇したら、首都クアラルンプールのような都市では、2050年までに未曾有の気候状態となり、異常気象や集中的な干ばつが発生すると予想されています。地方に住んでいる人々も気候変動の影響を受けるでしょう。沿岸部の集落は海面上昇によって崩壊してしまいます。こういうことに適応するための効果的な対策を、国を挙げて実行する必要が出てきます。これは今後、とても重要な課題となるでしょう。

＊

私はマレーシア・ユース代表団（ＭＹＤ）で積極的に活動してきました。この団体は対気候変動政策やそれを策定する交渉に焦点を当てて活動し、興味関心がある若者が国連での気候変動対策の枠組みについていろいろと学ぶことができるように、土台を提供しています。このような取り組みを行う若者主導の団体としてはマレーシア唯一のものです。ＭＹＤは研修やディスカッションを主催して、一般市民の対気候変動政策についての知識を深めるために頑張っています。ＭＹＤはマレーシア政府とのつながりもあり、政府の取り組みにも定期的に関わっています。

現在の資本主義社会の枠組みの中では、気候変動の危機は私たちの経済や暮らしと結びついています。そのため、人々の暮らしのあらゆる領域において、社会環境の変化が求められているのです。例えば農業、エネルギー産業、交通、雇用などです。みんなが萎縮してしまわず、問題を理解して闘いに加わってくれるように、私たちは気候危機を１つのチャンスと捉える必要があると思います。

TOPIC
森林火災と煙霧

森林火災が発生する時期、濃い煙がインドネシアからシンガポールやマレーシアまで、風に乗って運ばれることがよくあり、国境を超えた煙霧として問題になっている。2015年の煙霧被害から始まった調査では、この煙がインドネシア、マレーシア、シンガポールの3国で10万人もの早死を引き起こしている可能性があると言われている。

机上の空論の代わりに、みんなが団結して気候変動対策のリーダーシップを発揮するべきです。

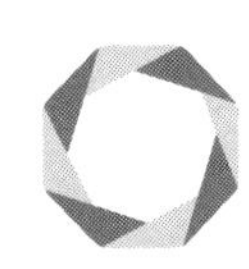

アルブレヒト・アーサー・N・アレヴァーロ

26歳　フィリピン

　僕は仕事でよくフィリピンの高地を訪れます。そこでは僕の勤め先が、先住民のための学校を運営しているのです。そこに初めて行ったときのことは忘れられません。携帯電話の電波も入らない高地の森の真ん中で、自然に囲まれて過ごした1カ月は、僕自身を変えた出来事でした。物の見方や考え方が試されたのです。そこはベンダムという名前の地域ですが、30年前は木材の採取場で、木はもうほとんど伐採されつくされて、残っていませんでした。しかし、支援者たちの助けで集落が一丸となって協力した結果、ベンダムは今ではその地方の中でも、森が最も豊かだと言えるぐらいの場所となりました。

　初回の訪問で、僕の心に一番強く残った瞬間があります。それはある朝、地元集落のミサに出席したときのことです。僕はカトリックの信徒ではなく、住民たちの言葉も理解できませんでしたが、みんなが一緒に歌い、祈っている姿を見ると、感動して涙が出てきました。みんなの一体感が僕の心を大きく動かしたのです。困難なことがあっても、彼らは打たれ強く、自分たちの個性に誠実に生きていました。自分の取り組みに意味があるのだろうかと、疑いの気持ちが心に芽生えてしまったとき、僕はあの瞬間のことをよく思い出すようにしています。

気候変動はフィリピンの水と食料の供給に影響を及ぼしています。その影響はまた、国の経済の中で主要な役割を果たしている農業者、漁業者、そして先住民の人々の人権や尊厳にまで及んでいます。

＊

僕は若い運動家として活動する上で、効果的な運動に不可欠な、長期的でハードな仕事に、みんながあまり進んで参加してくれないというところに最も難しさを感じています。特に資金調達が難しい発展途上国にいると、必要な協力を得ることは難しいです。ボランティアの仕事は常に「タダ」というわけにはいきません。

僕の両親は、成果があがってきている今では僕の運動を好意的に見てくれています。以前は、僕が寝る間も惜しんで運動に打ち込んでいたので、心配していました。また両親は、僕が自分のお金を、行事や会議に出席するために使うことに対しても、いい顔をしませんでした。運動をやめるように言われたことも何度かあります。でも僕は、自分のビジョンを信じていますし、僕のやっていることがたくさんの若い人々の助けになるとも信じています。

気候変動の影響を受ける人間が必ずいる、
そのことを忘れないでほしいです。

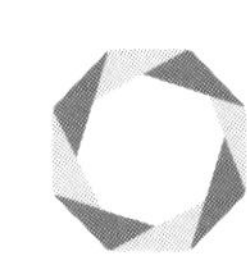

トミタ・アカリ

16歳　日本出身　アメリカ合衆国在住

日本語には「もったいない」という言葉があります。英語に訳すなら〝wasteful〟（むだ使いの多い）という言葉がしっくりくるでしょうか。「もったいない」を避けることが、日本の家庭での伝統的な生活様式です。私たちが暮らす環境への感謝と敬意を表し、特に食べ物、エネルギー、商品などの物をむだにしないこと、そして自分自身の持ち物や身の回りの物を常に気にかけておくこと、それが、「もったいない」を避けるという考え方なのです。

私たちは自然の一部ですから、「もったいない」ことをなくす生活は大切です。これには、食事のときに適量を盛りつけ、皿の上の物を残さず食べること、使っていない電気を消すこと、物を大切に扱うことも含まれます。私はこの方針のもとに育てられたので、私の家族はある程度、持続可能な生き方をすでにしていたことになります。しかし、家庭や学校、そして地域社会でできることは、まだまだたくさんあると思いました。

だから私は、若い人たちの社会参加を呼びかけるとともに、すべてをコンポスト（訳注：家庭から出る生ゴミなどの有機物を、微生物の働きを活用して発酵・分解させることでできる堆肥）にするかリサイクルをするかして、ゴミとして埋め立てられる物をなくすことを目指す、ゼロ・ウェイスト(zero waste)を呼びかける運動をしています。これはもちろん、プラスチックの使用量を減らすように呼びかけていることにもなります。

もし何かを1つ変えられるとしたら、私たちのプラスチックへの依存度を減らしたいと考えています。食べ物であれ、服であれ、その他の生活必需品や商品であれ、ほとんどすべての物がプラスチックでできているか、プラスチックで包装されています。消費中心の文化と合体したこのプラスチックへの依存は、とても良くないものです。家庭でたくさん消費されたプラスチックは、最終的には埋立地に埋められたり、自然環境の中に捨てられたりしますが、これは温室効果ガスの増加や、野生の生き物を危険にさらす原因となっています。

*

私は、東京の祖父が屋上に作った庭園を訪れたり、日本やアメリカの国立公園を旅行したりする中で、とても幼いころから自然を愛するようになりました。小学生のときに、北極や南極の氷がとけていることについて、プラスチックの環境汚染について、そして他のいろいろな悲惨な問題について話を聞いて、何かできることをやりたいと考えたのを覚えています。そこで私は、グリーン・チームという名前の、小学校の環境クラブに入りました。それ以来ずっと、自分の学校の環境クラブのメンバーを続けています。

若い運動家として活動する上で難しいことの1つは、若い運動家たちが過小評価されないための仲間作りです。大人はもちろん、若い人でも、仲間になってくれる人はなかなかいません。多くの人は自分が運動に関わらなくてはならないという義務感を感じておらず、人に合わせてなんとなく同調したり遠くから応援したりしようとするだけですが、これは問題のある姿勢です。本当は、すべての人が運動に参加する必要があるのです。学校という場で変化を生み出すのも難しいです。なぜなら、行政を通じて物事を進めるのは、長いプロセスが必要だからです。しかし、まっとうな人たちが、まっとうな考え方をもって行動すれば、変化は起こせるのです。

私はグレタ・トゥーンベリさんや他の素晴らしい若い運動家たちとは違い、気候変動に対する闘いにそれほど多く貢献できてはいません。自分で満足のいく活動ができていないと思っているし、自分がやるべき活動もきっとできていないでしょう。今でもときどき、気候危機が差し迫っているという事実を受け入れがたいことがあります。でも、同じように感じている人たちに、何かアドバイスができたらいいなとも思います。

*

大切なのは、モチベーションを持ち続けることだと思います。気候変動のせいで世界中の子どもたちが、すでに命に関わる健康被害を受けていると知ることが私のモチベーションにつながっています。自分の行動が自分と同じ世代の誰かを苦しめてしまっていると考えると心が痛みます。そして現実と向き合わなくちゃいけない、気候危機から目を背けてはいけないと思うのです。

闘いを続けましょう――私たちが住める星なくしては、私たちは生き残れないのですから。

まっとうな人たちがまっとうな考え方をもって行動すれば、変化は起こせるのです。

北アメリカ

北アメリカ 人口：5億8000万人

気候変動がもたらす大きな課題

● 氷河の融解

カナダの北極圏の気温上昇率は、世界全体の平均の2倍である。カナダに隣接する北極海の広い範囲では、今から数十年以内に、夏の間に全く氷がなくなる期間が出てくると予想されている。

● 大気汚染

気温が上がると、肺や心臓の疾患の原因となる汚染物質、地表オゾン(訳注：対流圏オゾンともいわれる)の発生が多くなる。成層圏(地表から15～50kmの高さ)にあるオゾン層は、生物にとって有害な紫外線を吸収する良い働きがあるが、対流圏(地表から15kmまでの高さ)で発生した地表オゾンは、健康被害をもたらす。北アメリカでは、すでに1億4000万人もの人が、大気汚染が危険なレベルに達した自治体で暮らしている。

● 沿岸部の土地の浸食

カリブ海地域の主要な町のほとんどすべてが、海岸からそう遠くない場所にある。そこでは何百万人もの人が暮らし、生活の基盤を築いている。海面上昇は多くの人の住む場所を危機にさらし、海岸地域での観光業に大きく依存する島国の経済を脅かしている。

● 気温の上昇

特に中央アメリカとアメリカ合衆国の南西部においては、気温の上昇が原因で、熱波と干ばつの発生頻度が増加する傾向にある。2100年までにはアメリカ合衆国の各地で、現在では20年に1度の規模で起こっている酷暑の日が、2～3年ごとに生じてしまうようになると予想されている。

※上記データについてはP.244参照

セシーリア・ラ・ローズ

16歳　カナダ

あなたがもし私の立場だったら、もし私の年齢だったらって、想像してみて。まだ投票権も持てず、自分の国の政治家たちはやるべきことをやってない。そんな状況で、私がどれほど不安に思ってるか、どれほど家族のことを心配しながら毎日を過ごしてるか、それに、自分の今の教育か未来を守る活動かを選ばなきゃいけなくて、どれほど悩んでるか、考えてみてほしい。

ここしばらくの間、私が先頭に立ってやってるのは、カナダの連邦政府に対して私たちの未来を守るように訴えかける抗議運動よ。抗議運動の現場にいないときは、地元に重点を置いて活動してて、政治家たちと気候危機についてたびたび話し合って、この問題を国の政治でも取り上げてくれるように強く求めてるわ。

最近、私は他の14人の原告とともに、何も対策をしないどころか、意図的に気候危機に加担してるカナダ連邦政府に対して訴訟を起こしたの。そこまでするのは、私たちは気候変動の影響を肌で感じてるし、政府は責任を果たさなくちゃいけないって思うからよ。これは私が普段やってる個人レベルの運動とは違う。この訴訟は私たちみんなに関わることで、私たちは全国の若い世代の代表として臨んでるわ。私たちは政府の政策の犠牲になってて、もう我慢の限界だってことを政府に知ってもらいたいの。

私が今こうやって運動するようになった大きなきっかけは、両親の影響ね。幼い頃から私は、家族と一緒に何かの抗議運動に参加したり、政治について話し合ったりしてきたわ。だから、私がこういう風に運動するようになって、両親がそんなに驚いたとは思わない。社会問題や政治についての意見が食い違うことは確かにあるけど、それもありがたいと思ってる。独りよがりにならず、別の視点から物事を見ることを学べたから。

*

まだ若い私を無視するのは簡単よ。それに大人たちは、自分より若い人から指図されることに抵抗もあるね。だけど気候変動は人類最大の課題で、これからのリーダーとなるのは若い世代なんだよ。私たちは、専門家や科学者を気取って、何でも自分たちが決めるべきだって言うつもりはない。ただ事実を直視して、未来を守るために必要なことがどうして行われていないんだろうっていう思いから、行動してきただけよ。この課題を理解する能力が、若い私たちにも十二分にあるってことは証明されてるはず。今、権力者たちは私たちの声に耳を傾けるべきなんだよ。

運動なんかやらずに学校に行けと繰り返し言われるのは、本当にうんざりするわ。気候が非常事態なんだから、もうこれまで通りではいられないってのに。私たちの教育とか個人的な目標とかは、人生の最重要事項じゃなくなってしまったんだわ。今はもっと大事な目標があるから、それに向かって闘うつもりよ。

未来のことを考えると、とても怖くなってしまうのは仕方ないことね。でも、それは何もしないための言い訳にはならない。私だってその恐怖を日々感じてるけど、恐怖に一番効くのは、実際に声をあげて、意味のある変化を成し遂げるために力を尽くすことだわ。恐怖を行動に変えて、運動を始め、友達や家族、政治家たちと話し合おう。自分たちの生活の中のあらゆる場面で、そして地元から国までのすべての行政に対して、行動を求めていこうよ。

＊

もし、もう望みがないんだったら、私はこんなところにはいない。友達と遊びに行ったり、夜中の3時まで起きて本を読んだりして過ごすと思う。私にだって、もっとやりたいことぐらいたくさんあるし。でも希望がある限りは、私はここで闘うわ。若い世代があきらめずにこうやって闘ってるのを見て、他の人たちにも希望を持ってほしい。気候変動は止められる。簡単じゃないかもしれないけど、必ずうまくいくよ。

各政党が、科学的なファクトの真偽じゃなくて、ちゃんと政治的意見について議論できたらいいのに。

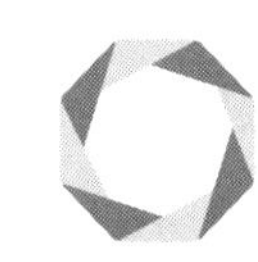

カレル・リスベス・ミランダ・メンドーサ

27歳 パナマ

私は美しい自然に囲まれた田舎で育ちました。熱帯の国パナマは、動植物ともにとても多様性が豊かです。

しかし、大西洋と太平洋に面した2つの海岸線を持つパナマは、気候変動の影響をとても強く受けやすい場所でもあります。海面上昇は沿岸の集落に被害を与えていて、特にサン・ブラス島のクナ族の集落は、移住を余儀なくされています。また、私たちの経済の大黒柱は、大西洋と太平洋の航路をつなぐパナマ運河です。パナマ運河の生命線は、運河に水を供給しているアラフエラ湖とガトゥン湖という2つの大きな湖の水位です。ところが、気候変動のせいで雨の降り方が変化したので、2つの湖の水位が下がることがあり、それが運河を通る船の安全な航行を脅かしています。

気候変動の良くない影響は、ますますたくさん見られるようになっています。近年では気温の上昇により、1日のある特定の時間にできることが限られるようになりました。将来は暑さのせいで、日常的な昼間の外出すらできなくなるかもしれませんし、食料や水が不足するかもしれません。そのような未来は恐ろしいです。

私は、自分が育ってきた場所が長い年月のうちに、元の状態とは全く変わり果ててしまったのを見てきました。これは不適切な手法で行われた農業や、森林伐採、環境汚染などが原因です。

けれども、何が起こっているのかここで具体的に書く必要はないでしょう。ただ、みなさんの周りを見渡して、さまざまなことがどれほど変化してしまったかに気づいてください。天気がどれほど異常になってしまったか、自然がどれほど変わってしまったか。

＊

大学で気候変動について学んだとき、それを止めるために誰も何もしていないということに私は恐怖を感じました。パナマでは、気候変動を深刻に受け止めている若い人はほとんどいません。パナマのような気候変動に弱い国で、若い世代が運動へ十分に参加していないというのが、最大の問題です。

私の運動は、私たちがどのように生活するか、どのように物を消費し捨てるか、そのあり方を変えようとするものです。また私は、地元の、地域の、そして世界のリーダーたちに対して、経済的利益の名の下に環境を害するのをやめるように訴えています。

34人の他の若い人たちと一緒に、私はパナマ反気候変動ユースネットワーク(Youth Network Against Climate Change in Panama)という団体を立ち上げました。パナマで若い人たちの意識を高める最も効果的な方法は、環境についての知識をつけるための教育を、環境への被害を減らす実践的な取り組みと両立させることだと私は考えています。若い人たちに、自分たちでも問題解決のための力になれるんだと教えて、ソーシャル・ネットワークでそれをシェアしてもらっています。

私の母はこの運動を応援してくれています。さらに、現在起こっている問題への意識が高まったことで、母自身もライフスタイルを変えるようになりました。

＊

2019年の、国連ユース気候サミットへの参加は素晴らしい経験になりました。他の国の若い人たちがどのような取り組みをしているのかを知ることができましたし、気候変動対策運動に人々を呼び込む際には、コミュニケーションとテクノロジーが大きな役割を果たすと学びました。この重要なイベントに参加した若い人たちは解決策を提案し合ったり、交渉について学んだり、さまざまな問題について討議したりしました。でもそれだけではありません。私たちの声を発信し、世界のリーダーたちに具体的な解決策をとるように求めたのです。まだ若いのに、人類が史上最悪の危機に直面しているとちゃんと気づいている人たちや、自らのライフスタイルを変え、街頭に繰り出して訴えかけている人たちとの出会いに、私は刺激を受けました。

他方で、草の根の運動だけでは問題そのものの解決はできません。より厳格な新しい環境政策を作ることと、すでにある環境政策を国レベルでも国際的なレベルでも強化することを、各国政府が確約する必要があります。私たちはこの地球を破壊し尽くして終わらせる世代ではなく、地球を救う世代になりましょうよ。

TOPIC

パナマ運河

パナマ運河は大西洋と太平洋を結ぶ全長82キロの水路で、世界の海運の3%を担っている。また、パナマ政府の年間収入の10%以上は、パナマ運河が財源となっている。

個人の関心は脇に置いて、今こそ行動しましょう。明日ではもう手遅れです。

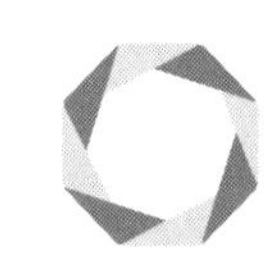

エマ＝ジェーン・ビュリアン

18歳　カナダ

私は幼い頃のほとんどの時期を、ブリティッシュ コロンビア州バンクーバー近くのバーナビー山で過ごしたの。そこはトランスマウンテン・パイプラインのルート上にあった。父が週末に、姉と私を地域の公園へよく連れて行ってくれたわ。そのとき歩いた公園の歩道には、背の高い草やたくさんの花が生え、ミツバチが飛び交ってた。それに、この歩道には、大きな黄色い看板が地面から突き出してて、そこにはこう書かれてた。「警告！　高圧の石油パイプラインあり。掘削の際は連絡すること」。

父が説明してくれたわ。パイプランは石油を輸送するもので、誰かが地面を掘削すると、パイプが破裂して、その場所が石油で汚染されちゃうかもしれないんだって。7歳の私はそれを聞いてすごく心配になった。でも、私がこの黄色い看板から遠く離れた場所に引っ越した後も、この化石燃料のパイプラインと私の関係が続くなんて、そのときは知る由もなかったわ。

＊

カナダは、世界の平均の倍の速さで気温が上がってる。北部の氷や永久凍土が急速にとけてて、そこに住む野生動物や住民に不安を与えてる。きれいな水が利用できるかどうかも懸念材料になり始めてて、状況は今後もひどくなる一方よ。気候変動のせいで、雨がたくさん降る地域と、ほとんど降らない地域が出てきたから、農作物にも影響してる。乾燥した期間が長く続くと、他の災害も起こるわ。２０１７年、ブリティッシュコロンビア州では観測史上最大の森林火災シーズンがあった。内陸部と北部に住んでる私のたくさんの友達が避難しなくちゃいけなくなったから、とても心配だったわ。

気候変動が科学的な事実であることはわかってるから、私は気候変動対策を求めるストライキに参加したの。若い世代の一員として私は、自分が抱えてる不安な思いを誰も聞いてくれないって感じてた。だけど、ストライキをやってようやく、私の声を届けて状況を変えていくために現実的なことができたと思った。今、何もしないことははっきり言って自殺に等しいし、私はとんでもない負の遺産を未来の世代に残したくないんだ。

ストライキに参加して以来、私はとても多くの時間を使って、気候変動対策運動を組織化してきた。本来ならば学業とか、10代の若者らしいことをするはずだった時間よ。悲しいけど、家族と過ごす時間も当然少なくなっちゃったわ。

メディアへの対応の仕方や、ネット上のたくさんの誹謗中傷への対処法を学ぶのは大変だったし、そういうことを全部、学業と両立させるのも大変だった。でもそれより、若い運動家として活動する上で一番きついのは、自分は無力だという思いと向き合うことだね。お前はまだ若いから何もできないって、世界中が言い聞かせてくる。それを信じないようにするのは大変だよ。

そういう気持ちを乗り越えて何か行動を起こしたとしても、私たちが積み上げてきたことに自信を持つのは簡単じゃないわ。若い運動家たちはみんな、暗中模索で活動してる。私たちは、最初はビデオチャットやソーシャルメディアを通じて寄り集まっただけだった。それが今では1つのまとまった組織になったんだから。私たちは毎月1週目の金曜日に、学校ストライキを行ってるわ。2019年9月27日には、気候変動対策を求めて2万人以上の人たちがヴィクトリアの街頭を埋め尽くしたの。

公平な気候変動対策を求める運動に関わったことは、自分がやってきたことの中で1、2を争う良い経験だと思うわ。私たちが作り上げたコミュニティには素晴らしい人たちがたくさんいて、本当に感心する。このコミュニティの一員となってから、気候変動や未来への不安にうまく向き合えるようにもなったわ。

*

私たち若者は、すごく大きな誤解をされてて、大人たちより小さく無力な存在だって思われてる。私たちは小さいかもしれないけど、絶対に無力ではないよ。実際、大人たちにはないような価値ある視点と才能を持ってるし。私たちには、変化を成し遂げるために不可欠な資質があるんだよ。私たちみんな、「これまで通り」でいいという考え方ではないんだから。

もし私の国、カナダのことで何か1つ変えられるなら、先住民の人たちに対する扱いを変えたいと思う。政府の先住民の人たちへの対応は、政府がいまだに人権よりもお金に重きを置いてるってことの表れだわ。カナダが気候変動対策の目標からまだまだ遠いのはこういう姿勢のせい。それにこういう姿勢は、私たちの国の制度がいかに人種差別的で不公正な理念のもとに成り立ってるかっていう証拠でもあるわ。

時間を戻して歴史を書き直せたらいいのにって心から思う。でもそれは無理だから、美しい未来を描くために私は全力を注ぐつもりよ。

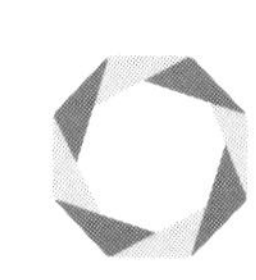

アニヤ・サストウリー

18歳　アメリカ合衆国

私が社会運動に積極的に関わるようになったのは、２０１６年のアメリカの大統領選挙後のことよ。そのときに国の最高権力者に選ばれたドナルド・トランプが、私の信条と正反対の路線を突き進んでいったから。

世の中で広く問題となっていることをただ意識してるだけでは不十分だと私は気づいたわ。声をかき消されたり無視されたりしてる人たちのために運動して、抑圧と不公平を作り出すシステムに抵抗することが絶対に必要だってわかった。誰もが自分を守り、自分の権利を主張できるような、バランスの取れた公正なコミュニティを作り上げるために、私たちはみんなに力を与え、声を広げていかなくてはならないの。

私が気候危機の問題と、それを何とかしなくてはならないってことにはっきりと気づいたのは、気候変動に関する政府間パネル（IPCC）が２０１８年に重要な報告書を出してからだった。報告書の「対策のための時間は12年しか残されていない」という一文は、私だけじゃなく、世界中の若い人たちの心に響いたわ。こういう言葉を目にして、私たちの未来とか、満ち足りた人生を送っていろいろなことを実現する可能性とかが脅かされているんだって、身にしみて感じられたんだ。

＊

気候危機はアメリカ合衆国全土のたくさんの地域社会に、さまざまな形で影響を与えてる。今年の夏の間、私は2つの地域をテーマにしたドキュメンタリー映画を制作したの。1つはミネソタ州、もう1つはシカゴ市内のある地域を取り上げて、そこに住む人たちが気候危機と不公正な環境政策のせいでどのような影響を受けてるのかを記録したんだ。

1つ目の地域、ミネソタ州北部では、先住民が住む地域を通るパイプラインをカナダ企業が建設してる。最も悪質な石油であるタールサンド（訳注：重質なタール状の原油を含む砂や砂岩。オイルサンドとも呼ばれる）から採れる石油がこのパイプラインを流れることになってて、パイプラインから石油が漏れると（これは「もしも」の話ではないよ、実際に起こってること）、その地域の生物多様性は永久に壊され、先住民の人たちが頼りにしているさまざまな資源も破壊されちゃうの。これは不公正そのもので、先住民の主権の侵害だし、環境を壊す大惨事だわ。

2つ目の地域はリトル・ヴィレッジって呼ばれてる、シカゴの狭い工業地帯の中心部にあるところ。そこの住民は毎日、地域の発電所や工場、トラックで使われる化石燃料のせいで、高レベルの大気汚染に苦しめられてるわ。子どもたちは喘息（ぜんそく）やその他の疾患を抱えながら育ってるの。

この2つの地域が直面している問題は、アメリカ国内のその他多くの地域の問題でもある。しかも、気候危機による被害はこれがどん底というわけじゃないわ。もし政治家たちが、すぐに気候変動対策の法案や政策を実施しないなら、もっとひどくなる可能性もあるのよ。未来の私たちは生きていけなくなってしまうわ。

だから、私の運動ではこういうことを特に目指してるの。まず、政治家たちに化石燃料産業からお金をもらうのをやめさせること。それに、化石燃料を扱う設備のさらなる建設に反対すること——人種やジェンダーや社会的・経済的地位によってすでに今までも軽視されてきた地域での建設には、特に反対よ。さらに、グリーン・ニューディールの原理を取り入れた政策が、国会で可決されるように働きかけること。そして、例えば学校で気候危機について教えるのを必須にするみたいな法案を、地域の政治家と協力して成立させてもらうことよ。

＊

私たち若い運動家にかかる感情的・精神的なプレッシャーは、半端なく大きいわ。私は毎日、単位認定が厳しい学校での勉強、集中的な課外活動、大学への出願、家族や友達との付き合いなどを、他の生徒たちと同じように全部並行してやってる。それに加えて、何時間もかかる電話会議、マスコミの取材、グループの仲間との会合、草の根の活動、行事やデモなどのために、時間を作ってる。学業などいろいろあるところに、フルタイムの仕事をプラスしてるようなものよ。そしてこの「仕事」の一番難しいところは、社会が直面している最大級の問題を扱ってるということね。つまるところ、私たち若い子どもたちは、世界をより良い場所にするために、自分たちが持ってる多くのものを捧げて心の健康や精神力を削りながら、社会的な問題と闘い、その解決策を考えているの。

ありがたいことに、私の両親は私がやってることをよく応援してくれてる。地球規模の問題や、今起きていることに目を向けて、社会の不正義とか世界の間違いに気づけるように、両親は私を育ててくれたわ。そうやって培われた意識が、私が今やってる運動のインスピレーションになってるんだ。それに両親は、私とよく議論して、もっと良い方法がないかって考えるように促してくれて、私を運動家としても成長させてくれたわ。

壁にぶつかって、もうあきらめようかと思っちゃうときに思い出すのは、毎日の運動で関わるみんな、気候変動対策を求める運動に参加してくれてるみんな、それに、自分たちの周りのコミュニティをより良いものにするために、身を粉にしてすさまじいほどの時間や力やリソースを捧げてくれてる人たちの、打たれ強さよ。

もしあなたが気候危機を心配してて、何か行動を起こせる余裕がある恵まれた環境にいるんだったら、自分のできることを何でもするために、時間と力を使ってほしいな。持ち前の行動力、問題解決力、独創性を、公正な環境政策の理想とぜひ組み合わせてほしい。私的な場でも公的な場でも、気候変動についての話題が出たときは、その力を使ってみて。自分の住む地域や周りの地域で、環境への不正義と積極的に闘ってる、草の根の運動や組織に参加してみて。あと一番大事なことだけど、自分たちや愛する人たちをこの危機から守るために、時間ややリソースを費やして最前線で闘ってる人たちの声を、あなたの拡散力を使って広めて、その人たちに力を与えてほしいな。

TOPIC
パイプラインの石油流出

アメリカ合衆国には計7万マイル（訳注：約11万2654キロメートル）以上の、未精製の石油を輸送するパイプラインがある。石油は極めて高圧でパイプ内を流れるため、パイプに欠陥があると、流出したり漏れ出したりすることになる。2010年から約900万ガロン（訳注：約3406万8706リットル）の石油が、これらのパイプラインから流出している。

政治家たちは、権力やお金じゃなくて、市民の命を優先するべきだよ。

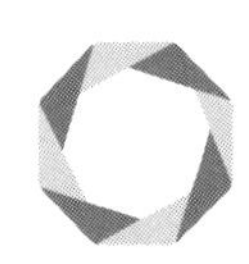

リカルド・アンドレス・ピネダ・グッマン

22歳 ホンジュラス

あまり知られてないんだけど、ホンジュラスは17年間にわたって、グローバル気候リスク指数(訳注：世界各国が、気候変動が原因の気象災害によってどれだけ影響を受けるかを数値化してランクづけしたもの。ドイツの環境NGOジャーマン・ウォッチが発表している)の上位にランクインしてて、異常気象の影響を最も受けてる国だといわれてきたんだ。でもほとんどのホンジュラス国民は、政府が取り組むべき優先事項は、貧困対策や治安の改善、汚職の撲滅など、別のことだと信じてる。気候変動による被害が、そういう問題よりはるかに壊滅的だってもうはっきりしてるはずなのに、国民は気づいてないんだ。

ホンジュラスには、農作物が大きな被害を受けて、住民が移住を余儀なくされてる乾燥した地帯がある。別の場所では降雨が激しくなって、洪水の被害が起こってる。だけど本当に問題なのは、次のハリケーンが来たときだろうね。ホンジュラスは大西洋と太平洋に挟まれてる。前に来たハリケーン・ミッチと同規模のハリケーンがまた来れば、その進路上は完全に破滅しちゃうだろう。

だからこそ、僕は声をあげることがすごく重要だって考えてる。ホンジュラスは、世界の他のどの場所と比べても、気候変動に対する意識の向上が大事になってくる場所なんだ。

僕の場合、12歳のときに父がくれた『不都合な真実』というアル・ゴア氏が書いた本を手に取ったところから、すべてが始まった。分厚い本を読む気にはあんまりなれなかったんだけど、本の中の写真やグラフには興味を引きつけられた。それがきっかけとなって、ゴア氏の取り組みに注目し始めた僕は、8年後にロサンゼルスまでゴア氏を見に行ったりもした。それで2019年には、ついに面会して話をすることもできたんだ。僕はゴア氏にお礼を言って、地球規模の問題の解決策を見つけるために人生を捧げようと誓った。

若者が、この気候変動との闘いで、一番重要な役割を担ってるんだ。世界の首脳が気候変動対策を話し合うときに出てくる2030年とか2050年っていう目標年は、僕たちが受け継ぐ世界のことだから。僕たちの中には、企業や国のリーダーになる人もいるだろう。だから、僕たちは他の若い人たちにメッセージを伝えて、今こそ、この危機に立ち向かえるように力を与えなくちゃいけないんだ。たくさんのことが僕たちにかかってるんだよ。

TOPIC
気候変動とハリケーン

ミッチは1998年にホンジュラスを襲ったカテゴリー5（訳注：ハリケーンの強さを表す5段階の指標で最大のレベル）のハリケーン。史上2番目に大きな被害を中央アメリカに与え、1万1千人以上の人々の命を奪った。気候変動によって海水温が上昇すると、ハリケーンもより激しくなると予想されている。

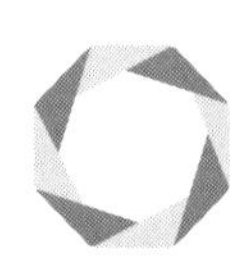

クリケット・ゲスト

22歳　カナダ

多くの先住民は、自分たちの文化に導かれて、社会運動との積極的な関わりを持つようになるわ。先住民としては、自分の選択で社会運動家になったってよりも、生まれつき社会運動家だって感じることのほうが多いんだ。でも、私の場合はそれとは逆だった。社会運動への参加を通して、自分の本来の文化に帰っていくことになったの。

私は白人と混血の（外見的には白人として見られる）、アニシナベ族のメティ（訳注：カナダの先住民ファースト・ネーションとヨーロッパ系住民の混血）なの。白人が多数派の小さな町で、白人の母が1人で私を育ててくれた。母は私を町の先住民教育センターへ行かせようとしたけど、私が4歳ぐらいのときに予算の削減でそこはなくなっちゃった。だから、私は自分の文化について学ぶ手段を失ってしまったの。

でも、土地について、それに資本主義、植民地主義、家父長制の破壊的な影響についての知識を深めていくにつれて、私は同じ民族の仲間とつながることができた。ランド・ディフェンダーたち（訳注：土地を先住民にとって神聖なものと考え、それを守るために活動している人たち。パイプラインの敷設、化石燃料産業、大資本による農業の開発など、土地と先住民の人権を傷つける活動に抵抗している）やその教えのことも知るようになった。そしたら急に、先住民の仲間たちと自分はそんなに違わないんだってわかって、自分だけが特に違う考えを持ってるとも思わなくなったわ。先住民の文化を学んで、私の中にそれをよみがえらせたことで、気候変動対策運動に身を投じていくための大事な道しるべが見つかったのよ。

どうして自分は、女性、有色人種、セクシャル・マイノリティ（ＬＧＢＴＱ＋）、動物たちや土地への正義をこれほど熱烈に望んでるのか。運動に参加して、一見ばらばらだった点が線になって、わかった気がした。すべてはつながってるからなんだって。この中のどれか１つでも不正義に苦しめられるなら、結局はすべての集団が虐げられることになるんだ。

＊

私が最初に社会運動と関わり始めたのは12歳のとき。そこから、私の世界の捉え方は変わり始めた。社会のさまざまな制度や構造が自分を傷つけてたんだって、そのとき初めて気づいて、それに抵抗し始めたの。

私は、答えを知っていても恥ずかしくて手をあげられないような子どもだったけど、高校を卒業する頃までには「一番議論を始めそうな人」に名前があがるまでになった。そして16歳のときに環境問題について学び始めたわ。特に、農業に巣食う苛烈な植民地主義と白人優位主義が、土着の人間や動物に大きな損害と痛みを与えてきたということがよくわかった。

私はトロントの〈未来のための金曜日〉事務局と一緒に運動をしてて、そこでは先住民に関するアウトリーチ・コーディネーターを務めてる。その仕事は、公正な気候変動対策を議論する場で、先住民の意見が形だけのものじゃなくて、中身のある重要なものとしてしっかりと取り上げられるように調整することよ。私はこういう場に先住民の人たちが安心して参加できるように、手助けをしたいと考えてるの。私たち先住民は、非先住民が多数派の大きな集団の中に入っていくときには、いつも自分たちが取り残されてるように感じるから。

気候変動対策を議論する場で、先住民による自治権の主張を批判してる白人の運動家がまだ見受けられるけど、そういう白人の運動家は、先住民の自治権と公正な気候変動対策が本質的にはつながってるって理解してないんだわ。気候変動に対する闘いにおけるランド・ディフェンダーの重要さをちゃんと理解してる白人たちと一緒に、こういう認識のギャップを埋めていくことが私の大きな責務よ。これは木を植えたりヴィーガンになったりするみたいな簡単な話じゃないわ。母なる地球をずっと蝕み続け、今や殺そうとしている植民地主義的なシステムを暴いて、解体していく取り組みなんだから。

気候変動対策を求める野外集会のときに、生まれて初めて何千人もの人たちの前で先住民の歌を歌ったのは、絶対に忘れられない経験となったわ。それは美しく、夢のような瞬間だった。自分の民族の音楽を習って歌うのは、心の癒やしだったけど、普段は表に出すことはなかった。それでも私は、その集会では、これまで行方不明になったり殺されたりしてきた先住民の女性を讃えるために、女戦士の歌を歌いたくなったの。

私にはまだまだ勉強が足りないし、すべてに答えを出せてるわけでもない。それにときどき、若い人たちがこの一連の運動の中で苦しめられてるとも感じるわ。人生の段階でいえば、私は成長し学ぶために他の人たちの言うことをたくさん聞かなくちゃいけないはずだけど、人の話を聞くよりも自分が声をあげて発信しなくちゃいけない状況に置かれるときもある。そのバランスを取るのが大変だわ。若い運動家である私たちは、強くて賢明だっていう自覚はある。それでも、年長者から話を聞いて学ぶ時間も必要だと思うの。

私の父はもういないけど、母は運動を応援してくれてる。母自身は政治的主張を表立ってする人じゃないけど、私の政治的立場を支持してくれて、私のやってることが大事なことだって認めてくれてるわ。母は私を誇りに思ってくれてるから、感謝してるよ。

私の民族の文化では、人は自分の前の7世代と後の7世代のために生きるものだと言われてるけど、その両方の世代のことを考えるなら、私たちは行動しなきゃいけない。私は地球を、自分が生まれたときよりも良い状態で後の世代に遺せればいいなと思ってる。私たちの後に7世代が続くためには、もう選択肢は1つ、行動するしかないんだよ。

TOPIC

先住民メティ

メティは、ファースト・ネーション、イヌイットとともにカナダで公式に認められた3つの先住民族の1つだ。メティはカナダ全土で50万人以上いるとされている。

不安に思う気持ちを逆手に取って、知識と行動に変えていこう。

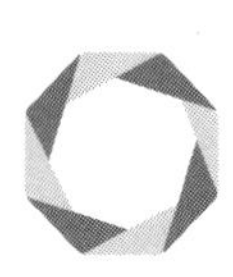

リア・ハレル

19歳　アメリカ合衆国

高校2年生になったとき、学校のアース・クラブ（訳注：生徒の環境意識の向上、地域の清掃、全国各地のプロジェクトのための募金活動などを行う、生徒主導のクラブ）のリーダーの生徒たちと知り合いになった。その人たちはかっこいい3年生の一団で、笑顔を絶やさず、私のような下級生をバカにすることも全くなかったわ。アース・クラブのミーティングに毎週参加しているうちに私は先輩たちと親しくなって、信頼と思いやりのある友情を結ぶことができたの。

先輩たちに連れられて私は、ミネアポリスにあるクライメート・ジェネレーション（Climate Generation）というNPOの事務所で開催された、環境運動家たちの会合に初めて参加したわ。どうすればシロクマを救えるかなんていうありきたりな意見交換をするのかと思ってたんだけど、実際にそこで私が聞いたのは、公正な気候変動対策について、先住民の土地の大切さについて、そして議会に対する請願運動の手法についての、しっかりとした議論だった。一番印象に残ったのは、若い人たちがこの議論をリードしてたってこと。その声には、高い壁でも乗り越えることができるんだっていう自信が感じられた。そしてその目には、若者には変化をもたらす力があるんだっていう情熱が燃えてた。私はその部屋にいるみんなのエネルギーが熱く燃えているのを感じたわ。

＊

私の運動は地域レベルで始まった。地元行政に対して気候変動対策を求める運動を行う若者を支援する全国組織、アイ・マター（iMatter）の支援を受けて、自分が住むミネトンカ市に、より強い姿勢で気候変動対策をリードするよう要求することにしたの。

同じ学校の2人の仲間と一緒に私は、市が行っている再生可能エネルギー、ごみ処理、排気ガス削減の戦略と、二酸化炭素削減の取り組みについて調査した。すると、より持続可能な地域社会を作るための大きな一歩を、ミネトンカはすでに踏み出そうとしてるとわかった。市の施設の100％ソーラー化を実現して、25年間で1300万ドルが節約される計画だった。それでも、気候変動を和らげるためにもっと踏み込んだ努力ができるはずだと思った。2018年4月30日に、私たちは市議会に調査結果を提出して、2030年までに地域全体を再生可能エネルギーの電力に100％切り替えることと、2040年までに地域全体の二酸化炭素排出量をゼロにすることを目標にした行動計画を作るように請願したわ。

気候危機は市の最優先事項ではなかったから、市に検討を要請する公式の提案を作るまでには、1年以上かかっちゃった。でもそこまでの道のりで、私たちは孤独じゃなかったの。宗派の指導者や企業の人たち、NPOの人たちや地域の人たちが、私たちの呼びかけに応えて、私たちの声を広めようと仲間に加わってくれた。その人たちみんなで、ミネトンカ気候イニシアチブという、世代を超えた統一組織を作ったわ。私たちは今も積極的に運動してる。それに、私たちの組織と市が協力してさらなる目標を掲げたり、気候問題はもう最優先の問題だってはっきりさせたりすることができたから、自信を持ってるわ。

＊

ミネトンカで気候変動対策を求めて運動する一方で、他の地域で効果的な変化を実現させた若い運動家たちとも知り合った。2018年夏に私たちは、地域レベルの運動で得た知恵を応用して、若者主導で州レベルの運動を結成するために集まったの。できあがった組織は「ミネソタは立ち止まれない(Minnesota Can't Wait)」という名前で、たくさんの気候変動対策運動を1つのメッセージの下に結集させて連帯することを目標にした。そこでは3つの共通する柱を打ち出したの。それは、温室効果ガスの排出を規制すること、州内で化石燃料関連の設備を新たに建設させないこと、そして私たちが起草して2019年の会期中に州議会に提出した、ミネソタ・グリーン・ニューディール法案の通過を目指すことよ。

最終的に、私たちの法案の可決は叶わなかったけど、州政府が気候変動対策の議論に舵を切るきっかけにはなったから、この運動の成果は大きかった。マスコミのインタビューを受けたり、新聞の特集欄に取り上げられたり、屋外集会を行ったりといった数多くの取り組みを通じて私たちは、政治的な立場の違いをあれこれ議論している余裕はもうなくて、とにかく必要なことをやらなくちゃいけないって、声を大にして訴えてきたわ。議会の委員会が開いた公聴会では、この問題の解決には共和党も民主党も関係なくて、私たちみんなの未来がかかってるんだって議員たちに伝えた。

こういう、地域レベルから州レベル、そして国レベルに至るあらゆる取り組みを通じて、若者の声は信用を得られたんだわ。私たちはただプラカードを持って立ってるだけじゃないって、はっきりと示したの。政治の無力に立ち向かって、計画的に運動をオーガナイズして、問題解決の方法を提案するために動いてるんだから。若者には力があるんだよ。

公正で持続可能な未来を手に入れるには、公正で持続可能なオーガナイズが必要よ。

自分の国のリーダーたちに何を伝えたい?

政治家たちは今日の利益に目がくらんで、明日の危険が見えなくなってるわ。国のリーダーは市民の生活を優先するべきだよ。私たちには気候変動対策のための法律が今すぐに必要よ。それに取り組もうとしないなら、選挙で退場してもらうだけね。

アニヤ・サストゥリー

18歳、アメリカ合衆国

難しいかもしれないけど、政策や法案を決める際には、未来の世代のことも考えてくれるように強く求めたい。自分たちがもし今から100年後に生まれたとしても、幸福に暮らせるような制度を設計してもらいたいな。

ブランドン・グエン

20歳、カナダ

取るに足りないことしかしないのはやめてほしい。政治屋じゃなくて、ちゃんとリーダーとして振る舞ってほしい。リーダーは速さや手軽さよりも、正しさを選択して大胆な決断をするはずよ。

エマ=ジェーン・ビュリアン

18歳、カナダ

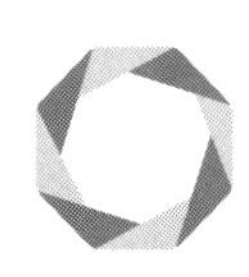

シャノン・リサ

22歳　アメリカ合衆国

私はニュージャージー州で生まれ育ちました。そこは不名誉な特徴がいくつかある場所です。人口密度が極めて高いこと、いくつかの種類のがん発生率が国内トップであること、そして、米国全国浄化優先順位リストに載っている汚染地域が一番多いことです。私が6歳ぐらいのとき、学校の近くの電柱の周りで遊んではいけないと言われていたのを覚えています。そこにあった黒くてベトベトしたもの（それは防腐剤などに使われるクレオソートでした）に触れてはいけなかったからです。また別の年には、「宇宙服」を着た人たちが化学薬品用の55ガロンのドラム缶を空き地に運んで、何かしているのを目撃しました。「食用禁止」と書かれた釣り人向けの看板も、池や川の近くの至るところに見られました。

アメリカ合衆国における化学廃棄物の危険性は、気候変動対策の議論の中ではほとんど話題になりませんが、両者には密接な関係があり、甚大な被害をもたらします。激しい洪水、森林火災、そして異常気象の増加によって、それまである程度封じ込められて環境の中に流出することがなかった化学廃棄物が、解き放たれてしまうのです。アメリカ合衆国会計検査院（Government Accountability Office, GAO）の警告によると、「スーパーファンド・サイト」と呼ばれる、国内でも最高レベルに汚染された場所の60％が、気候変動に関連した自然災害の被害を最大級に受ける場所だとされています。

２０１１年のハリケーン・アイリーンと２０１２年のハリケーン・サンディーは私が住むニュージャージー州に猛烈な被害を与え、広範囲で洪水、停電、建物の損壊を引き起こしました。私の家の近くにあったアメリカン・サイアナミッド社の化学物質・薬品製造施設の跡地も洪水に巻き込まれ、激しい雨で貯蔵されていた化学物質があふれ出しました。他の施設では、汚染された地下水を処理して流出を防ぐ装置を動かしていた電力が失われたところもありました。

極地の氷がとけてなくなったり、海岸がペットボトルで埋め尽くされたりするのと違って、化学廃棄物は目に見えず、その危険性も見えない場合が多いです。多くの有害な化学物質には色も臭いもないので、それが残置された場所の近くに住む人たちの健康が、自宅にいながら知らないうちに蝕(むしば)まれていることがよくあります。地域住民が苦しみの声をあげ始めるか、身体検査での数値が高まり始めるまで、被害は政府機関の調査の対象にはなりません。だから、汚染源の企業は何十年間も自主規制や報告を怠り、逃げ続けることができてしまうのです。

産業界が有毒な汚物を放置している「間違った場所」に生まれてしまったばかりに苦しまなければならない人をゼロにする、それが私の今の目標です。有害な化学物質が流出している場所の近くの地域社会――そこでは多くの人が恐ろしい健康被害に苦しんでいます――が、自分たちの汚染された裏庭の浄化を政府に求めていけるようになるために、必要なツールを提供して力を与える活動をしています。

科学者として注意深くものを考えること、1人の個人として粘り強く事実を追い求めること、現場の運動家として注目を集める戦略を使うこと——全部を私は兼ね備えなくてはなりませんでした。どれも一から学びました。具体的な活動としては、防護服を着て汚染場所の調査を行ったり、科学的なサンプルを採取したり、汚染場所を認めたもらうために州や連邦政府の機関に陳情したり、集会を開いたり、浄化計画について政府機関に助言したりしてきました。私が10代後半から20代初めにかけて行ってきたこの「毒物探偵」の活動によって、化学物質が人々と環境に対して犯罪的な脅威となっていることが明らかになってきたのです。

何年にもわたり、インディアナ州フランクリンに住む親たちは、自分の子どもたちが進行の速い珍しいがんに苦しめられ、命を落としていくのを見てきました。これらの家族は重い健康被害と戦いつつ、原因究明を政府に求めていました。私はその人たちと連絡を取り、地域住民と協力して、この地域の汚染された場所に関連する公的な文書をすべて集めるために、合衆国環境保護庁(EPA)に対して大規模な情報公開請求を行いました。

それまで隠されていた4万ページ以上に及ぶ資料を何カ月もかけて精査した結果、衝撃的な発見がありました。近くにあるアンフェノール社の施設は、EPAによれば浄化されたことになっていましたが、ずさんな管理がされ、十分に調査されていないとわかったのです。発がん性物質のトリクロロエチレン（ＴＣＥ）を含んだ有毒ガスの混合物が、ほとんどの人が安全だと信じていた場所——自分たちの家——を長年にわたって蝕んでいた可能性が出てきました。私たちが集めた第三者機関のデータ、それに度重なる精力的な訴えかけと市民からの圧力によって、ＥＰＡはこの場所の再調査を決めました。

*

環境保護運動をやる上で難しいと思うのは、人間の健康と環境を守るためにリスクを取らなければならないということです。私の活動で何が一番大変かというと、政府機関や汚染源となった多国籍企業との対決です。相手は資金や政治的なコネクション、それに科学や法律の知識が私たちより勝っていることを盾に、ひたすら責任逃れをしようとします。この大変さはこちらが若いといっそう顕著になります。私たちに専門知識がないと思って、口をふさごうと中傷してくる人たちの標的になりやすくなるからです。

そういうことのせいでくじけそうにもなります。でも、こうした運動をしているからこそ、家に帰れば毒ガスの不安に襲われなくて済むような社会を作れるのだ、と心に留めています。自分が住む地域の現場で汚染に抗っている人たち、中でも社会の日陰に追いやられた層や先住民の人たちは、私たちみんなの命のために毎日ずっと闘ってくれている真のヒーローです。自分の家がある場所——自分の国——で、産業が起こした毒物汚染という犯罪に脅かされる人がいなくなるように、この物語の中で何らかの役割を担いたい、そして他の人にも声をあげようと思ってもらえるようになりたい、それだけが私の希望です。

カディージャ・アッシャー

26歳　ベリーズ

私はベリーズという、経済的には発展途上の小さな国の出身です。人口37万人ちょっとの私の国は、先進国と同じペースで技術革新をするだけの資源がありません。この発展の遅れのせいで、私たちは常に不利な立場に置かれていると常に感じています。交通、医療、エネルギー、農業、そして観光など、どの分野でも、私たちは時代遅れの手法を使わざるを得ません。何よりも、より良い手法を導入するための財力がないからです。

私の国には世界で2番目に大きなサンゴ礁保護区があるので、私たちは海の生態系の維持が重要だと考えて努力してきました。2018年6月にはユネスコの発表で、ベリーズのサンゴ礁保護区が危機遺産リストから外され、私たちの思いと努力が世界中に証明されました。とても大事な海の生態系を守るために、みんなが10年間にわたって取り組んできたおかげです。

しかし、問題を提起し、その解決を主張する運動は元来、気候危機に取り組む上で私たちに課せられている多くの責務のうちの1つにすぎません。話題にはのぼらないのですが、若い世代が果たすべき重要な役目とは、2つの世代の橋渡しなのです。経済発展に力を尽くす世代と、環境の維持を主張する世代の、両方の視点を組み合わせなければ、問題は解決できないでしょう。

若い世代は経済発展を重視する人たちに対して、持続可能性の追求は国の生産性を阻むものではなく、正しいやり方で行われれば国の生産性を高めるものだ、とはっきり示せなければなりません。同じく、環境保護論者が重視していることを、伝わりやすい言葉に言い換えられるようにしなければなりません。私たちが暮らすこの不確実な時代では、若い世代の手で世代間の融和を進めていかなければならないのです。

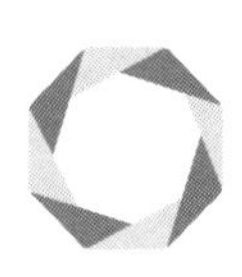

ブランドン・グエン

20歳　カナダ

僕は、もっと簡単に多くの人が気候変動についての教育を受けられるようにする運動を行ってる。誰もが適切な情報や資料にアクセスできて、自分たちの行動が周囲の環境にどのような影響を与えるのかを、正しく理解できるようになるのが重要なんだ。２０１９年3月に行われた世論調査では、アメリカ合衆国の親の圧倒的大多数が、政治的立場に関係なく、自分たちの子どもに学校で気候変動について学んでほしいと考えてることがわかった。でも、親や教員のうち、生徒たちに気候変動について実際に教えたり話したりしている人の割合は、半分にも満たないんだ。

理想と現実の間にこうやって差がある大きな原因は、気候変動は自分の担当教科ではないとか、教えられる知識が自分にないと多くの教員が思ってるからなんだ。だから僕は、たくさんのＮＧＯや環境保護団体と協力して、あらゆる教科を横断した気候変動の教材を作ろうっていう運動をしてる。気候変動は興味のある人だけが学ぶ孤立したテーマであってはならない。世界を別の切り口から学び、理解するためのレンズであり、他のテーマと複合した分野横断的なものであるべきなんだよ。

気候変動の影響が日常レベルではまだ感じられない場所に住んでるという意味では、僕はとても恵まれてるよ。でも、世界中の多くの人々の現実は違う。

気候変動は、自分たちの存在そのものに関わる不安みたいなものを僕の中にかきたてる。だから僕には、社会の路線を絶対に変えなくちゃっていう強い思いがある。もう後戻りできない段階まで僕らが急速に近づいてるってことは、数多くの科学的な報告書からわかってるはずだ。だから僕は、自分のリソースと恵まれた環境を、声をあげることができない人たちのために活用して、社会全体の変革を求めていきたいって強く望まずにはいられないんだ。

*

意欲的に変革を求めていく人が気をつけなきゃいけないし、乗り越えなきゃいけないのは、ひとりよがりになっちゃうことだろうね。環境保護運動を組織してそれに参加する他にも、若者としてやるべきことやできることは、山ほどあるような気もするし。社会運動への積極的な参加自体が、まさに現状を変え、現状に対抗しようっていう行動だから、ときどき心身ともに削られてるようにも感じるよ。

学校でいい成績を取ったり、いろいろな課題をこなしたり、友達と過ごしたりといった、若者としての本分を疎かにせずに、自分を大事にすること。それと、世界を批判的な視点で見て、どうすれば良くしていけるのかを考えること。この2つのバランスを取るには、ある種のテクニックが必要だ。僕はそれをマスターするにはまだ程遠いけど、失敗から学んで確かに改善できてるとは思うよ。

僕の両親は僕の運動にとても協力的でいてくれるから、自分がとても恵まれてると思うし、感謝してる。とはいえ両親は僕に、自分の情熱をもっと何か実用的なことに使いなさいと、いまだによく言ってくるけど。でもそれは、変化がそう簡単に起こらない社会のシステムの中で、変化をもたらそうとずっと努力してる僕が、疲れて燃え尽きてしまわないか心配してくれているだけだと思うんだけどね。

ヴィヴィアンヌ・ロック

22歳　ハイチ

私は狭くてごみごみした居住区に住んでる。雨が降ると道が水浸しになって、家の中まで水が入ってくることもある。ハイチは小さな国で、世界の中でも特に貧しい国なの。国民は極端に悲惨な状況で暮らしてるけど、今や別の問題が生じてる。それはすべてを壊す、気候変動よ。

ハイチは以前と比べてとても暖かくなったわ。蚊が増えたから、虫や水を媒介にする伝染病も増えてる。つまり、デング熱やマラリアにかかる可能性が高くなったのよ。季節も狂ってきてて、食糧不足を引き起こし、それが物価を押し上げて、飢餓に苦しむ人も増えてる。自然災害は経済に悪影響を与え、多くの大切な人たちを失うことにもなったわ。

私たちの国は気候変動の被害に苦しめられてて、もう耐えられない。気候変動の影響を直に受ける貧しい国に住む女性として私は、現実的で長続きする変革を求めて運動してるわ。私や、私と同じような他の若い人たちの声を聞いてもらいたいの。

6年前は、私は気候変動について何も知らなかった。今どきの若い人と同じように、普通のティーンエイジャーとして、何も意見を言わずに暮らしてて、気候の心配なんか何もしてなかった。気候変動対策運動を支持してるカリブ・ユース環境ネットワーク（CYEN）という組織があったから、今の私があるようなものよ。CYENのおかげで、私たちの地球が直面してる危機に、はっきりと気づくことができたの。

＊

私は今、「プルリエレ（Plurielles）」（訳注：フランス語で「複数」、「多次元的」という意味の語の女性・複数形）という組織の代表を務めてる。この組織は、気候変動のもたらす被害と闘うとともに、若い人たち、特に女性の運動への参加を促進する活動をしてるの。若い女性たちだってこの問題への意識を持たなきゃいけないし、私のように、この闘いの場への参加を認められなくちゃいけないわ。教育がそのための鍵だと思う。壁に突き当たったときや、くじけそうになったときには、次の世代のことを考えて、運動を続けるための力を取り戻してるよ。経済的に力のある強国は、実際はやってないのに、できることはすべてやってるようなふりをするのをやめてほしい。私たちは生き残るためにもがいてるけど、数年以内に何も変わらなくて、気候変動を抑える目標が達成できなかったら、ハイチは海に沈むか、自然災害で壊滅しちゃうんだから。未来が危ないんだ。

傍観者にならないで、行動を起こそうよ。

オクタヴィア・シェイ・ムニョーズ＝バルトン

16歳 アメリカ合衆国

私は自然に囲まれた場所で育ったから幸せだと思う。カリフォルニアの海の近くで生まれた私は、太平洋と地元の生態系を愛して子ども時代をすごしたわ。今よりも小さかったときにも、環境汚染を見て、その原因が人間だってことになんとなく気づいてはいたけど、その被害がどの程度なのか、生き物の生活の安定をどれだけ脅かしてきたか、そういうことは全然知らなかった。

私が12歳ぐらいのとき、「私たちの海の継承者」（Heirs To Our Oceans）という団体に入ってた何人かの子たちが、その活動についてクラスでプレゼンテーションをした。それでその子たちに、エルクホーン湿地帯をカヤックに乗って見学するツアーに誘われたの。エルクホーン湿地帯は私の地元近くの河口にある、ラッコがたくさん生息してるところよ。ツアーでは、ラッコの生態や、ラッコが直面してる危機について教わったわ。

それから2019年に私は、「エンパワーメント、行動、リーダーシップのためのサミット」（SEAL）という行事に参加した。それは「私たちの海の継承者」によって企画された2週間のイベントで、世界中から若い人たちが集まって交流し、環境について学習するというものだった。ＳＥＡＬに参加して、私はエンパワーメントとはどういうことかわかり始め、自分が完全に変わったわ。

＊

そのサミットの最後には、ミクロネシアやアフリカ、ニュージーランドやアメリカのケンタッキー州など、世界中のさまざまな場所からやって来て、私たちの環境を守るという決意の下に団結した若い参加者の全員が、最終プレゼンテーションのために集まった。人前で話す講習を受けたり、環境や私たち自身について深く知ったり、共感的なリーダーになる訓練を受けたりしながら2週間をともにすごした仲間たちは、私がそれまでに聞いたことのないほど力強い言葉でみんなに語りかけてた。

みんなの前で詩を朗読した友達もいた。心の底からのまっすぐな想いをつづった詩で、そんな詩をみんなで分かち合うことができるなんて想像もしていなかった。力、愛、強さ、自信が、エネルギーとなって壇上を支配してたわ。私が話す番になると、私は感動で泣きそうになった。私はこれまでにないほどの勇気と安心を感じていたわ。将来、真のリーダーに成長して、世界を変えようとしてる私たちは、みんな家族みたいだなって思った。

＊

運動に参加するのは素晴らしい経験だけど、絶望を感じる日々もあるわ。私の心配を真面目に受けとめようとしない人たちにいらいらしたり、世界の首脳たちが私たちのきれいな空気や水を奪っておきながら、関係のない問題を持ち出してごまかそうとしてるのを見たり、私たちが直面してる厳しい現実を自分の中で消化したりしてると、心が疲れちゃうときもある。ときどき、貴重な子ども時代をむだにしてるんじゃないかと感じることもあるよ。

それに、私は自分の将来のために勉強するモチベーションも失いかけてた。気候変動で荒れ果てた地球に生まれてこなきゃいけない、未来の私の子どもたちの暮らしはどうなっちゃうんだろうって不安にとらわれると、外に出て闘わなきゃって居ても立ってもいられなくなって、宿題に集中できなくなっちゃうの。

私の両親は信じられないほど協力的よ。はっきり言って、私は驚くほど運がいいと思う。若い人たちの親の中には、協力を渋ったり、さらには運動への参加を邪魔しようとしたりする人もいるから。親が勇気づけてくれたら、環境保護運動に興味を持って取り組む子どもたちにはすごくプラスになると思うよ。

とはいえ、私の両親は勉強をしっかりやらせる方針だから、私が学業で成果をあげられないと当然困る。私は若い運動家たちが運動をしてても単位を取れるようなシステムを学校で導入するように求めてるし（運動の中で論文を書いたり演説をしたり、現実世界の問題と関連した実用的な市民科学を学んだりするのは教育上大いに役に立つから、学業の成果として認められるべきよ）、良い成績を取るために頑張ってもいるわ。

私のような子どもにとっては、気候危機は恐ろしいものかもしれない。けれども、その恐怖で立ちすくんでしまわないことが大事よ。恐怖を運動へのモチベーションに変えていこうよ。

自分に力を与えてくれる人たちの輪の中に入ろう。

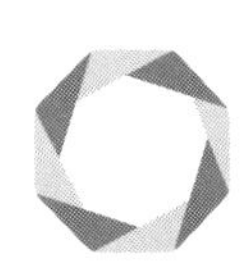

ペイトン・ミッチェル

21歳　カナダ

私は、北アメリカ最大の石炭火力発電所であったナンティコーク発電所が見えるところで育ちました。この発電所が原因で私は子どものときずっと慢性の喘息を患っていました。2013年に発電所が操業を停止すると、ようやく喘息はおさまりました。

カナダは、フロンティア・オイルサンド鉱山、トランスマウンテン・パイプライン、エネジー・サグネ・パイプライン、オールトンのガス貯蔵施設など、化石燃料関連の事業を拡大することで、気候変動を積極的に存続させようとしています。さらに、これらの事業はどれも、先住民の人々やその土地へ、直に打撃を与えています。

影響としては、ファースト・ネーション（カナダ先住民権）居住地域の水問題が続いていることや、文化と伝統的な生活様式が失われてしまったことなどがあります。化石燃料の採掘やその他の汚染の原因となる事業は、多くのファースト・ネーション集落の水を汚して飲めなくしています。北極圏では雪や氷が融け、住民の生活のリスクが増大し、雪と氷を中心に生活のすべてを営んでいたイヌイットの文化が失われる原因となっています。

カナダの石油やガスへの依存は、石油ナショナリズムという極右勢力が勢いを増す一因にもなっています。この人たちはカナダの石油・ガス産業を国家のアイデンティティと考え、外国人がそれを乗っ取ろうとしていると思い込み、外国人を攻撃しています。また、パイプライン事業の現場近くに労働者のキャンプが建つことで、その地域に住む先住民の女性たちへの暴行事件が起こっています。

＊

増加する洪水や短くなっていく冬を見ると、気候変動の影響が感じられます。それまで起こらなかったような場所で竜巻が起こっているのを見ても、影響がわかります。しかしそこまで直接的な影響を受けていないので、私は今のところは幸運なほうです。

それでも、私のほぼすべての行動の裏には、気候変動に対する不安がつきまとっています。地球の今の状況を思うと不安になり、突然泣き出してしまうこともあります。そんなことを気にするなと言ってきたり、学業に集中するように言ってきたりする友だちや家族とけんかもします。そして、そういうことで気分が重くなり、精神的に疲れてしまいます。それでも私は多くの人に比べたらそれほど苦労しているわけではないので、情けなくてもっと悲しくなります。

幸運にも、私はこのような負の感情を行動に昇華させることができます。若者による気候変動対策運動は、地球全体を家族のような絆で結びつけるための第一歩であると、私は心から信じています。その絆の原理は競争ではなく、他者と地球と自分自身への思いやりなのです。

私たちの運動に対価が支払われることはありません。気候変動対策を求める運動によって利益を得ている多くのNGOが、寄付を募るために私たちの運動を利用することはあります。でも、私たちストライキをやっている本人は、運動をやっていくために、予定通りの卒業や、アルバイトや、普通の生活を犠牲にしなければならないのです。

私の両親は誇りと心配が入り混じった気持ちを抱いています。私がさまざまな障壁を乗り越えて、自分の信念のために闘っていることを両親は誇りに思っていますが、私が自分の将来を真剣に考えていないと心配もしています。ストライキへの参加が私の卒業にどれだけ影響があるのか、そして、私が自分のために働く代わりに、どれだけたくさんの時間を気候変動対策運動に費やすのか、両親は気にしているのです。

私は友だちや家族と過ごす時間、大学の時間(学費も安くありません)、そして単純に若者として人生を楽しむ時間を犠牲にしなければなりませんでした。私は自分がやっている運動を誇りに思っていますが、運動によって人生で一番楽しい時期が奪われてしまったこと、そしてこれからも奪われ続けていくであろうことは否定できません。それだけの価値はありますが、本当はこんな犠牲を払うべきではないのです。

私は将来、子どもがほしいと思っていますが、この危機がなんとかならない限りは、それも無理だと考えています。人口抑制のためではありません。自爆スイッチが押された状態のこの世界で、安全に子どもを育てられる気がしないからです。気候変動に関する政府間パネル(I

PCC）の2018年の報告書について読んだとき、もし世界が今と同じように利益を最優先し、責任を軽視する路線を続けるのなら、家庭は持てないと悟りました。

もし何か1つ変えられるならば、カナダには、化石燃料の採掘・輸送事業を、操業中のものも計画中のものもすべて中止してもらいたいです。同時に、再生可能エネルギーへの移行に際して労働者を守るための、社会のセーフティネットを構築すると約束してほしいです。

もし自分にはできないと思っているのなら、気づいてください。あなたにはできます。

アシュリー・トーレス

23歳　カナダ

大学生のアシュリー・トーレスは2019年7月13日にモントリオールで行われたエクスティンクション・リベリオン（訳注：イギリスで創設され、世界各地の科学者や著名人からも支持を受けている環境保護団体。団体名は「絶滅への反逆」という意味。非暴力主義だが、水流の追跡調査や祭りで川の水に色をつけるときに使う無害な染料で川を緑に染めたり、道路を占拠したりするなど、インパクトのある活動で注目されている）の座り込み抗議において、以下のようなスピーチを行った。この抗議の後、25人の運動家たちが逮捕された。

マーティン・ルーサー・キング牧師はかつてこう言いました。「問題となっていることに沈黙するようになると、私たちの命は終わりへと向かい始める」と。

私たちは、価値観が試される時代に生きています。

ムスリムの同胞たちに、ヒジャーブ（訳注：イスラム教徒の女性が人前で顔を隠すために使うかぶり物）をかぶるなら職を奪うぞと、不公正な政府の法案が告げる、そんな時代です。

私たちの隣国アメリカ合衆国が、亡命を求めてやってきた親子を引き裂いている、そんな時代です。親たちがどのような思いで、恐ろしい旅路を、子どもを連れて命からがら逃げてこなければならなかったのか、国のリーダーたちは全然わかっていないのです。

先住民の女性たちが行方不明になっても、権力者は誰も気にかけない、そんな時代です。

力のある男性がセクハラを起こしても、金と権力に守られて逃げ続けていられる、そんな時代です。

私たちは気候危機の真っ只中にいるというのに、無責任な州政府とフリーストーンやブライアー・キャピタルなどの米国企業が手を組んで、液化天然ガスのパイプラインを建設しようとしている、そんな時代です。

気候非常事態宣言を出した連邦政府がその次の日に、トランスマウンテン・パイプライン拡張の認可を出して、地球上で最も汚れた石油の採掘を進めようとしている、そんな時代です。

環境大臣が我が国のきれいな水を自慢している一方、ほんの数マイル離れたアタワピスカトの同胞たちが、きれいで安全な水を得られなくなっている、そんな時代です。

私たちの国の安全を脅かしているのは遠くの外国勢力などではなく、気候危機なのに、政府は気候危機からは市民を守ろうとしない、そんな時代です。

若者が、誰も自分たちの未来を気にかけてくれないという思いを抱え、毎週金曜日に学校を休んでストライキをするしかないところまで追い込まれてしまっている、そんな時代です。

私が今ここで、環境とは直接関係のなさそうなことを話題にしたので、みなさんの中にはとまどっている人もいるかもしれません。でも、これらは全部つながっているのです。公正な気候変動対策を語り、誰も置き去りにしないと言うのであれば、人種、ジェンダー、社会の階級についても語らなければなりません。

このままだと私たち全員、いつかは気候変動の被害に直面しなければならないでしょうが、社会の周縁に追いやられているコミュニティは、すでにその被害を受けているのです。ですから、本当に公正な気候変動対策を求めるのであれば、今もう被害を受けている人たちのことを常に念頭に置いて、話し合わなければなりません。今日ここにいる人たちの中には未来のために闘おうと思っている人もいるかもしれませんが、私たちが闘っているのは、苦しんでいる人たちの現在のためでもある、それを覚えておかなくてはなりません。

私たちはどのような変化を望むのか、そしてそれを実現させるためにどのように行動していくのか、今がその決断の時です。前に進んでいく上で確かなのは、社会は勝手には変わらないということです。重要な理想のために、平和的な手段で全力を尽くす覚悟を持った、あなたや私のようなひとりひとりの力で、社会は変わるのです。壁に突き当たりもするでしょう。でも、決して忘れてはいけません。声をあげるのをやめてしまえば、私たちの命は終わりへと向かうのです。

南アメリカ

南アメリカ 人口：4億2千万人

気候変動がもたらす大きな課題

● アマゾン熱帯雨林

何十億本もの木から成るアマゾン熱帯雨林は、南アメリカの9カ国に広がり、熱帯雨林としては世界最大の面積を誇る。世界全体の森が毎年吸収する二酸化炭素の4分の1を、アマゾンが吸収しているのだ。しかし、伐採が止まらず、二酸化炭素吸収能力を保つことができなくなりつつある。

● 氷河の融解

世界の熱帯氷河の99%以上が南アメリカに存在する。そのうちの7割以上がペルーにあり、周辺の多くの国の重要な水源となっている。けれども、気温の上昇のせいでこの氷河は急速に減少している。今世紀だけでアンデス山脈の氷河の98%が失われてしまったのだ。

● 極端な気温上昇

世界の平均気温が4℃高くなってしまうと、南アメリカの9割の地域が、現在では700年に1度しか起こらない規模の暑さになるだろう。

※上記データについてはP.246参照

エヤル・ウェイントラウブ

20歳　アルゼンチン

気候変動問題について問題提起をし、その解決を訴える運動を僕が始めたのは2019年2月のことだ。ソーシャルメディアを見ていたら、グレタ・トゥーンベリさんのビデオが多くの人に拡散されていた。そのときの僕は、グレタさんが誰なのかも知らなかったけど、そのビデオでグレタさんは、気候変動対策を求めるストライキを、3月15日に世界中で行おうって呼びかけていたんだよ。

そこからいろいろ調べてみると、アルゼンチンでは気候変動対策を求める抗議運動を、能動的に取り仕切ろうとしている人は誰もいないってわかった。そこで僕は仲間たちを集めて、JOCA(ホヴェネス・ポル・エル・クリマ・アルヘンティーナ)という団体を立ち上げたんだ。この団体名はスペイン語で、「気候のために立ち上がるアルゼンチンの若者たち」って意味だ。

僕たちの最初の目標は、気候変動対策を求める3月の国際ストライキに、アルゼンチンとしても参加することだった。そんなに高望みをしていたわけではなかったよ。準備期間は1カ月もなかったし、経験もノウハウも僕たちにはなかったから。

3月15日の当日は、万全の準備をしようと思って朝6時に起きた。数百人ぐらいは来てくれるんじゃないかと思って、何人か演説もできるように、マイクやスピーカーを1セット用意した。でも午後5時半頃までには、なんと5千人以上の人たちが加わってくれて、アルゼンチン国会議事堂前で僕たちと一緒に、気候変動対策を求めるアピールを行ったんだ。

このとき僕は草の根の運動の力を実感して、変化は必ずしも上からやってくるものではないんだって確信したね。たくさんの人たちが集まって街頭に出れば、物事を変える力になるんだ。

それ以来JOCAは、気候変動対策を求める若者主導のグループとしては、アルゼンチン最大の規模になった。僕たちはストライキを組織するだけじゃなく、気候変動の危機に対処するための法案を可決するよう、政府に求めてもいる。2019年7月にアルゼンチンは、世界で4番目、そしてラテンアメリカ地域では初めて、気候と環境に関する非常事態が政治家たちによって宣言された国になったんだ。

これらはどれも僕たちだけの力で達成できたわけじゃない。これだけの成果をあげられた大きな理由の1つは、社会を良くするための問題提起と提言をするなら、分野を超えてやらなくちゃいけないって、僕たちが自覚していたからだ。人種問題、ジェンダー問題、経済問題などにはびこる他の不公正に対して声をあげなければ、公正な気候変動対策を求めて闘うこともできない。分野を超えた連帯を示したから、他のたくさんの団体とも協力できて、みんなの声を広げられたんだ。

僕がやっているのは、少数の人の利益や欲望を優先させ、多数の人に必要なものをないがしろにする、社会のシステムに対する抗議だ。たった26人の金持ちが、38億人の最下層の人々の財産を全部合わせた額よりも、多くの富を所有している、そんなシステムの中に僕たちは生きている。この資本主義というシステムにとどまっていては、悲惨な状況が悪化していくのを食い止めるための有効な方法が出てくるとは思えないよ。

今のところ、気候変動は僕自身や僕の生活水準に重大な影響を及ぼしているわけではない。でもそれにははっきりとした理由がある。僕が白人で、中流階級で、男性だからだ。僕はとても特権的な地位にいるんだ。気候変動は、社会的に弱い人々に、より大きな影響を及ぼす。一番多くの被害を受けるのは、地球温暖化の原因となってきた豊かな暮らしから、一番遠く離れていた人々なんだ。公正な気候変動対策っていうのは、将来の被害を軽減するためにただ二酸化炭素の排出量を減らせばいいってわけじゃない。被害を受けている人たちに手を差し伸べるための、適切な方法を考え出すこと、それも公正な気候変動対策の一環だ。

＊

不安に思っていても、その不安を変化のためのエネルギーに変えられなければ意味がない。

個人の活動だけでは全員を救えないってことを理解するのが一番大事だと僕は思うよ。リサイクルをしたり、ヴィーガンになったり、燃料の消費量を減らそうと思って自転車にたくさん乗ったりするのは、どれも素晴らしい。だけど、気候変動の最悪の被害を食い止めて、すでに起こってしまった環境へのダメージを修復していくという、大規模な変化を実現させるただ1つの方法は、不安に思っている人たち全員が、運動に参加する決断をすることなんだ。システム全体を変えていくには、大規模な運動を仕掛けるしかない。そのためには、個人が自分の習慣を変えるだけじゃなく、何百万人もの人たちが連帯し、ともに行動することが必要なんだ。

地球規模で考え、足元から行動しよう。

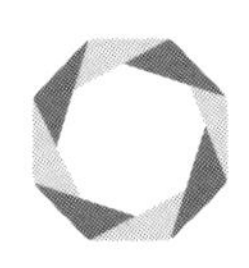

ダニエラ・トーレス・ペレス

18歳　ペルー出身
イギリス在住

私の家族の一部はまだペルーに住んでて、祖母方の親戚には、アマゾンの森に住む部族の人もいるの。ペルーに行くとここ数年、状況が急速に悪化していってるのがわかる。それが気候変動に目を向けるきっかけになったわ。

ペルーは気候変動の大きな被害を受けてて、ここ数年間で、洪水、干ばつ、暴風雨など、激しい気象災害の頻度と規模が大きくなってる。将来はもっとひどくなる一方だと思うよ。海面上昇のせいで、ペルー沿岸部の人口の多い地域では、今後80年以内に人が住めなくなる場所が出てくるかもしれない。それに、氷河がとけてるし、洪水や干ばつが農作物にも大きく影響するから、食料不足に陥ることになるわ。

気候変動に対する不安は、他人事じゃないリアルな苦しみなの。個人では無力感に圧倒されちゃう。ペルーにいる私の家族は、住んでる場所からまた避難しなきゃいけなくなったり、気候変動の犠牲者となってしまったりもするのかな。そうならないとは言えないような不確かな今の状況は、とても怖いと思う。気候変動のせいで私の将来は不安定だし、未来の世代のことは言うまでもないわ。

母は、私の抗議運動に最初は反対してた。でも2019年になって、ついに母も気候変動の重要さを理解してくれて、応援してくれるようになったの。私が最初に抗議運動の運営に関わったのは、2019年2月のことだった。まだ始めたばかりだったから、そこまで参加してくれる人は多くないだろうと思ってた。でも、5000人もの学生たちが参加してくれた。気候変動の問題に関心を持ってる人がこんなにたくさんいるんだってわかったのは、うまく言葉にできないほど素晴らしいことだったわ。運動に参加して、私は人類への希望を取り戻すことができたんだから。

TOPIC
ペルーの氷河縮小

ペルーの氷河は国民の飲み水の大事な源となっている。しかし2000年以降、氷河の面積は30%近くも縮小している。氷は急速にとけており、今後、氷河が完全になくなってしまう危険性が高くなっている。

希望がなければ何もできないわ。

カタリーナ・ロレンゾ

13歳　ブラジル

私はブラジルのサルバドル近くの、美しいサンゴ礁があるところで育った。母と私は、ずっとその海で泳いで暮らしてきたわ。２０１９年の夏のこと、大きなサンゴ礁に近づくと、白い点々がたくさんついてるのに気づいた。この点々は、サンゴが死んじゃったときにできるものなんだ。

私は、水面に近いところの温度が高いから、サンゴが死んじゃったんだと思った。そこで、潜って底の砂を触ってみたんだけど、その場所の水も熱かったの。私は水の中に長い間いられなかった。私が熱さに耐えられないのだから、どうして魚や、サンゴ礁や、他の海の生き物たちが耐えられると思う？

どうして水がそんなに熱くなっちゃったのか、私にはわからなかった。その後、気候変動について、人間の活動がどういう風に気温が上がる原因になってるかについて、学校で習った。その日から、私は気候変動を止めなくちゃいけないと思い始めたわ。死んでしまったサンゴを見た経験が、気候変動と闘うようにって私の背中を押してるみたいだった。

＊

ブラジルでは、干ばつが前の年よりも増えて、みんなが困ってる。雨が少なすぎるときもあれば、多すぎるときもあるし。昔は、みんな「この日に雨が降る」ってわかってて、それに合わせて農作業の準備をして、そしてその日には本当に雨が降るって感じだった。今は、気候がおかしくなっちゃったから、雨が降る日を予想できなくなったわ。そのせいで、みんな食べ物とお金を失ってる。

私の住む町では、激しい雨が降ると、海へと注ぐ川に下水が流される。私はサーフィンをするんだけど、病気になるのが怖くて水に入れないこともあるわ。これは私だけじゃなくて、海の生き物たちにも影響してる。

ブラジルでは火災も多くなってきてるわ。アマゾンの火災のことはみんな知ってると思うけど、私がもっと心配してるのは、パンタナル湿地の火災のほう。そこは湿地帯だから、水がたくさんあるはずの場所で、火事が起きるのはおかしいのに。

気候変動は私の未来、他の子どもたちや若い人たちの未来を奪ってる。国のリーダーたちは、若い人たちの声を聞く必要があると思う。だって私たちはただ、自分たちの故郷である地球を直そうとしてるだけなんだから。

TOPIC

パンタナル湿地帯の火災

パンタナル湿地帯は世界最大級の熱帯性湿地であり、特に豊かな生物多様性を誇る地域でもある。2019年にはこの場所で8000件もの火災が発生した。これは前の年の同じ時期より462%も多い件数である。

怖がらないで。力を合わせれば、強くなれる。

QUESTION

影響を受けた人物はいる?

僕が政治的に最も影響を受けるとともに、僕の運動のインスピレーションとなった人物は、バーニー・サンダース氏だね。サンダース氏は生涯を通して社会運動に積極的に関わってきたんだ。権力を持っている人が親切心から自分の特権を手放すなんて絶対にあり得ない。だから社会を本当に変えたいんだったら、草の根の運動からスタートし、人々を巻き込み感化していくことで、変化のうねりを社会の最上部まで届けるしかないんだ。それをサンダース氏はよくわかっているんだよ。

エヤル・ウェイントラウブ
20歳、アルゼンチン

私に一番大きな影響を与えたのは私の家族よ。環境の大切さについていつも教えてくれて、私の闘いをいつもそばで応援してくれてる。もう1人はグレタ・トゥーンベリさん。グレタさんの運動を見ると、私ももっと頑張ろうという気持ちになるから。それに、小さなことだとしても、地球のためにできることをやろうとしてくれる人たちみんなも、私の刺激になってるわ。

カタリーナ・ロレンゾ

13歳、ブラジル

僕はたくさんの人から影響を受けていますが、究極的には、自然そのものが僕の運動のインスピレーションとなっています。自然そのもの、それに自然が持つ多様な生態系や豊かな生命ほど素晴らしいものはありません。自然のことを考えると、自分の道を突き進むためのエネルギーがたくさん湧いてきます。

フアン・ホセ・マルティン=ブラヴォ

24歳、チリ

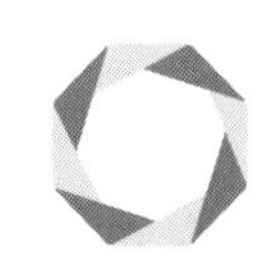

ファン・ホセ・マルティン＝ブラヴォ

24歳　チリ

アル・ゴア氏のドキュメンタリー映画『不都合な真実』を学校で見たときに、僕のすべてが変わりました。そのとき僕は、地球の状況をなんとしても変えなければと思い、そのためのプロフェッショナルとして働こうと決意しました。

チリは、国連が定義した気候変動に対する脆弱性の9つの特徴のうち、7つを有しています。標高の低い沿岸地域、乾燥・半乾燥地帯、森林地帯、自然災害の被害を受けやすい地域、乾燥と砂漠化に弱い地域、大気が汚染された都市部、山岳の生態系の7つです。

例えば、チリの都市のほとんどは山岳地帯の雪や氷河から水を得ています。どちらの水源も、その存続は水循環が安定しているかどうかにかかっていますが、降雨量の変化や地球温暖化によって、この安定性に悪影響が出ているのです。

気候危機は僕たちだけの問題ではありません。生態系全体の危機なのです。チリでは10年以上にわたって干ばつ状態が続いています。僕が生まれてから今までにも、動植物や菌類が町からどんどん姿を消しています。僕の知っている森は火災で焼けて消滅し、首都サンティアゴを取り囲む山では砂漠化が止まりません。「誰も置き去りにしない」と言うなら、僕たちはそれを本気で考え、行動に移さなければなりません。気候変動の影響を最も受けやすいたくさんの人たちが、そしてそれよりもさらに多くの人間以外の生物たちがいるということをしっかりと認識し、その人たちや生物たちみんなのために、闘わなければならないのです。

＊

この6年間、僕は持続可能性を掲げて気候変動と闘ってきました。その道のりには成長があり、学びがあり、夢や希望もありました。僕の運動の内容も、発展していく中で変わっていきました。初めは、僕が工学を学んでいたので、再生可能エネルギーを普及させる運動から始まりました。今では、みんなが気候変動対策を求めるために団結できる場となるような、組織作りをしています。持続可能な解決策を編み出し、固定観念を打ち破ったインパクトのあるプロジェクトを立ち上げるのが目標です。

僕がやってきた数々のプロジェクトの中でも特別に思い入れがあるのは、オペラシオネス・セヴェルデ(Operaciones Cverde)というプロジェクトです。このプロジェクトは、チリのノーベル環境賞とも呼ばれる国民環境賞を受賞するにいたりました。僕たちは何も経験がないところから、他の人たちに熱心に学んで、そのプロジェクトを始めました。プロジェクトの内容は、ピチクイとエル・トラピチェという場所の湿地の環境を修復するためのボランティア活動です。鳥たちが湿地に戻ってきて住み始めたり、一緒に活動してくれた地元の人たちとの友情が芽生えたりといった、予期せぬ収穫も得られたので、本当にやってて良かったと思いました。

僕たちは情報の時代を生きています。このような時代では、若い世代と上の世代の両方に、謙虚さが求められます。上の世代は、情報に簡単にアクセスできるこの時代、実際にさまざまな情報を得ている若い人たちは、決して無知ではないと認めるべきです。反対に若い世代は、どれだけ情報を集めたとしても、経験による教訓以上のものは得られないと認めるべきです。若い世代と上の世代、双方が協力する必要があります。情報があるなら、それを証明しましょう。経験があるなら、それをシェアしましょう。そして成果をあげたなら、それをみんなに見せて広めましょう。

今こそ環境と人々の暮らしを第一に考えるときです。

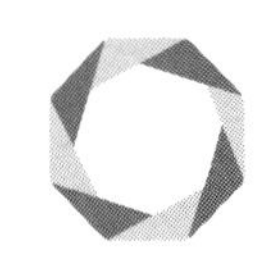

ジョアン・エンリケ・アルヴィス・セルケイラ

27歳　ブラジル

僕は自転車で旅をして、気候危機と最前線で闘っている人たち、特に伝統ある先住民のコミュニティの人たちに話を聞きに行くプロジェクトをやっています。この10年間は、過去最悪レベルのひどい干ばつや暴風雨が起こっていて、多くの人が気候に耐えかねて自分の土地を出ていかなければならなかったと、僕は学んできました。

ブラジルでは今、これまでにないほど多くの干ばつが、暴風雨と交互に起こっています。そのため、田舎の地域でも都市部のスラム街でも、弱い立場にあるコミュニティは、毎日危険にさらされています。国内最大級の都市はどれも沿岸部にあるため、海面上昇に弱いです。アマゾンの熱帯雨林は本来の特徴が失われるほどに破壊され、巨大なサバンナと化しています。

僕が気候変動対策を訴えているのは、僕たちの社会が完全な崩壊へと向かっているのに、多くの人がそのことに気づいていないと感じたからです。多くの人が、運動は必要ないし、気候危機は自分には関係ないと考えています。僕たちはリソースがほとんどない状態でもさまざまな運動に取り組んでいますが、さらに運動に集中できるように、財政面での安定が得られたらいいなとも思います。

僕は、自分たちの土地と自然を守るために命を捧げたいろいろな戦士たちに影響を受けました。このような戦士たちの生き方はブラジルでは一般的なのです。ただ、両親は僕がメディアなどに取り上げられるので心配しています。脅されたり、何らかの暴力を受けたりするかもしれないからです。

ブラジル社会では、土地や収入が伝統的な産業に集中しています。このことは植民地時代から、多くの不公正の温床となってきました。でも伝統的な産業は大きな経済力と政治的影響力を持っているので、正しく使えば、この国の経済をこれから収奪的でない方向に変えていけるかもしれません。科学を信じ、民主主義を強化するために働いてくれる代議士をしっかり選出できるように、僕たちは運動しています。

気候変動を不安に思っている人たちには、とにかく行動を起こそう、と伝えたいです。状況が変わるのを待っている余裕はもうありませんし、人類が無限に発展するという前提も揺らいでいます。だから僕たちの消費のあり方を変えていかなければなりませんし、環境に関してやるべきことにしっかり取り組む人を、国のトップに選ばなければなりません。今、そうしなければ、気候危機の最悪のシナリオを招いてしまうでしょう。

ヒルベルト・シリル・モリショー

25歳　キュラソー出身
オランダ在住

僕はカリブ海に浮かぶキュラソーという島の出身だ。子ども時代の記憶はいつも、晴れた空、そして青い海とともにある。でも、入り江の真ん中にある汚染を引き起こす製油所も、同じように記憶の中に残ってるんだ。

風向きが変わると、製油所からの有毒な化学物質が流れてくるから、僕の通ってた高校は休校になることがあった。でも、製油所の風下にあるすべての学校がそうだったわけじゃない。休みにならない学校の生徒たちは、有毒ガスを吸わなければならなかったんだ。

僕は有毒ガスの汚染被害には気づいてたけど、安定した気候はこのまま続くものだと最近まで思ってた。熱帯地方の気温は1年中同じだから、季節の存在を忘れてしまう。でも今では、気候変動がキュラソーの美しいサンゴ礁を破壊し、沿岸部の地域に影響を与えてるって、よくわかってる。このサンゴ礁は、嵐から沿岸部を守る防波堤のような役割を昔は果たしてたんだ。それに、気候変動はキュラソーの経済の要である漁業にも影響を与えてるんだよ。

キュラソーは半乾燥地帯にある島だ。気候変動が、キュラソーに住む人々の生活状態を悪化させるシナリオはたくさんある。例えば干ばつが増えたり、降雨が少なくなったり、暑さが厳しくなったりといった感じだ。それに、海面が上昇すると、島が水浸しになり、人がほとんど住めない状態になってしまうおそれもある。そうなると、貧困も激しくなり、食料の供給も不安定になるから、人々は島を去らなくちゃいけなくなるだろう。

気候の変化は、より大きな問題の前兆だってこともわかってきた。気候変動は僕たち自身や他者との関係性、そして周囲の世界との関係性をも変えてしまう。

そういう意味で、すべての不公正はつながってるんだ。歴史を振り返ってみると、たくさんの危機や、不公正な行いや、抑圧があるけど、それらはどれも似てるってわかる。僕が気候変動対策のために運動を始めたのも、それが弱者やマイノリティに寛容な社会と公正な経済を目指す闘い、人々の扱いを良くしていくための闘いにもつながるからなんだ。

気候変動が海外の出来事じゃなくて、僕たち自身にも大いに関係がある問題だってことを、キュラソーにいる人たちは知る必要がある。そして僕たちがどれほど気候変動の原因を作り出してきたかを、直視するべきだ。地元の製油所は世界の中でも最高レベルの汚染を引き起こしているし、キュラソーはつい最近まで、1人あたりの二酸化炭素排出量が世界トップクラスだったんだ。

僕たちにはもっといろいろなことができるし、やらなきゃいけない。発展途上の小さな島が気候変動対策でどれだけ先進的な取り組みをできるか、世界に手本を示せる可能性をキュラソーは秘めてるんだ。僕たちは、システムそのものの変革を始めるとともに、変革のためには

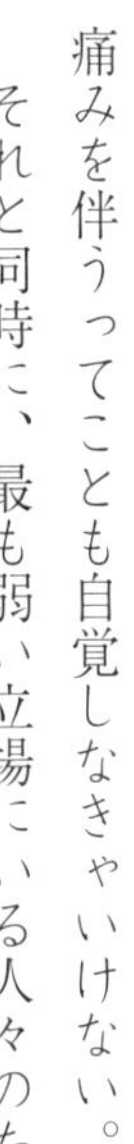

痛みを伴うってことも自覚しなきゃいけない。

それと同時に、最も弱い立場にいる人々のために、変革が公正な形でなされるよう、全力を尽くさなきゃいけない。財政の安定と経済の自立の名の下に生活環境を汚染してきた不公正な化石燃料事業に、これからは搾取されずに暮らしていけるよう、弱い立場の人たちに力と機会を与えなくては。僕たちにはできるんだ。絶対に成功してみせる。

恐怖に勇気を奪われちゃいけない。

ヨーロッパ

ヨーロッパ 人口：7億4千万人

気候変動がもたらす大きな課題

● 熱波

2019年、イギリス、ベルギー、ドイツ、オランダの各国では、記録的な暑さとなった。オランダやフランスが経験したような異常に暑い日が発生する確率は、気候変動のせいで100倍にまで膨れ上がっている。

● 気候移民

地球の気温が上がるにつれて、ヨーロッパに避難先を求めて地中海を渡ろうとする人の数が増えている。干ばつと作物の不作がこれからさらに激しくなる可能性は高く、そうなれば今後何十年もの間、最悪の被害を受けた地域から逃げようとする数多くの人々が、危険を冒してヨーロッパへの移住を試みることになる。

● 山や森林の火災

2008年から2018年の間、毎年平均464件の火災が発生していた。しかし2019年には、この数値は3倍以上に跳ね上がって1600件を記録し、27万ヘクタールもの土地が焼けた。気温が1.5℃上昇すればこの面積は4割増になり、最悪の場合2倍に膨れ上がる可能性がある。

● 洪水と暴風雨の増加

ヨーロッパ北部では激化する雨による被害を受けやすくなり、洪水も起こりやすくなっている。

※上記データについてはP.247参照

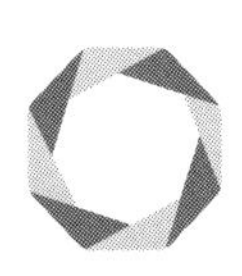

ホリー・ジリブランド

15歳　スコットランド

ホリー・ジリブランドはスコットランドの人里離れたハイランド地方の山の中にある、フォート・ウィリアム郊外の小さな町に住んでいる。2019年4月、ジリブランドはスコットランド緑の党の党大会で以下のようなスピーチを行った。

私の名前はホリーといいます。私は13歳の環境保護論者で、フォート・ウィリアム出身の環境保護運動家です。私は最近、スコットランド・ザ・ビッグ・ピクチャー（Scotland：The Big Picture）（訳注：リワイルディング〈人間が開発した場所を自然な状態に戻したり、動物を再び野に放ったりして、生態系を回復させる運動〉を行っているチャリティ団体）の少年少女広報大使になったり、動物保護チャリティのワン・カインド（One Kind）に賛同して、野生動物への迫害に反対する運動をしたりしています。また、気候変動対策を求めて、1月11日から毎週金曜日に学校ストライキも行っています。

科学的な推計によると、毎日200の種が絶滅しているそうです。人類はこの地球にほんのわずかな時間しか存在していないのに、1970年以降、地球で起こった生き物の絶滅の半分以上が、人類によって引き起こされました。スコットランドでは、11分の1の種が絶滅の危機に瀕しています。また、生物多様性が損なわれていない国かどうかのランキングでは、イギリスは218の国のうちの189位です。218カ国のうち、私たちの国よりも生態系が悪い状態に置かれている国は、28カ国しかないのですよ。私が学校ストライキを始めたのは人類のためというよりも、人類の道連れにされて絶滅へと向かうことになってしまっている、すべての動物たちのためです。

グレタ・トゥーンベリさんの言葉を借りるなら、「私たちは宿題をやったのに、国のリーダーたちはやっていない」のです。イギリスの議会はブレクジットのごたごたで混乱している上に経済成長に取りつかれていて、政治家たちはそれ以外のことを何も考えられずにいます。この地球上でこれから生き物が暮らしていけるのかどうか、それすらも頭にないのです。

スコットランドは、気候変動対策における世界のリーダーだと自称していますが、その二酸化炭素排出量は世界のトップ20に入っています。もしすべての人間がイギリス人と同じレベルの豊かな暮らしをするとなると、地球2.9個分の資源が毎年必要になります。責任ある立場の大人たちは、地球の生命を維持するシステムを搾取し、奪い、石油やガスの探索を進めています。その一方で、若い人たちは変化を求め、沈黙せずに声をあげ続けようとしているのです。

海は酸性化し、水位が上がり、水温が高くなっています。熱帯雨林は切り倒されています。北極や南極の氷はとけています。サンゴ礁は死に、白くなっています。魚が乱獲され、海はプラスチックで溢れかえっています。畑には殺虫剤がばらまかれています。異常気象がどんどん普通のことになっています。そして生き物の絶滅率は、自然のままの状態よりも100倍から1万倍も高くなっています。

これが、上の世代がいなくなった後に、私の世代の若者たちが向き合わなければならない世界なのです。このような世界を私の世代は受け入れたくありません。大人は私たちを褒めそやし、世界を救うのは若者だ、などと言っています。でも、世界を救うのは若者ではありません。あなたたちが、一人前の大人が、政治家が、私たちの未来と地球上のすべての生き物のために、闘いをリードしなければならないのですよ。私たちが成長するのを待っている時間はもうありません。

スコットランドの多くの場所で、動物や植物が育たなくなり、生態系が崩れ、野生の生き物がいなくなっています。この国の20%もの土地がライチョウの狩猟区域として使われています。ほんのちょっとの人が、時代遅れで血なまぐさい遊びを年間たった4カ月という短い期間楽しむために、広大な土地が使われているのです。スコットランドに元々住んでいた野生動物たちは、アカライチョウを守るという名目で狩猟管理人に撃たれたり、毒をもられたり、罠にかけられたりします。そしてそのライチョウも結局は撃たれるのです。

こんなことはやめなければなりませんし、それと同じくらい、化石燃料への依存もやめなければなりません。自然界を保護し、元の状態に戻していくことは、気候の崩壊による被害を和らげるために絶対に必要です。科学者たちは、大気の二酸化炭素を吸収する技術がいつかできると言っていますが、そういう技術はもうあるのです。それは木、そして泥炭地です。決して忘れてはいけない、自然の中に備わっている解決法です。国のリーダーたちがこのめちゃくちゃになった自然を元に戻そうとするかどうかは、私たちにかかっています。リーダーたちが、私たちがかつて思い描いていた理想の大人の振る舞いをしてくれるまで、この闘いをやめるつもりはありません。ありがとうございました。

若い運動家をただ褒めそやすのではなく、その声にちゃんと耳を傾けてください。

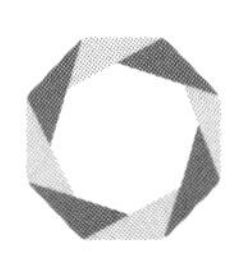

スタマティス・プサルダキス

22歳　ギリシャ

僕は未来のために運動をしている。より良い未来なんてもう言っていられない。どんな未来でもいいから、とにかく取り戻さなくちゃいけない。今は人類全体の危機なんだ。

僕は資本主義、グリーンウォッシング（訳注：うわべだけ環境問題に関心があるように見せかけること）な政策と、利益に動かされたイデオロギー、それに無知と無関心に対して抗議している。こういうもののせいで、市民が気候変動の被害を見て実感することができなくなっているんだ。僕がやっているのは生きる権利を求める運動なんだよ。

僕たちの日々の選択――どこから物を買うか、どんな食べ物を選ぶか、誰の作った商品を買うのか――が、世界全体の気候に悪影響を与え、良くない結果を招いている。それを学んでから僕は、公正に環境と向き合うことを求めて声をあげ始めた。僕たちが肉を食べたり、ファストファッションの服を買ったりしている裏では、見えないところで環境が犠牲になっていると知って、ショックを受けたんだよ。気候変動と闘うための現行の政策や法律に僕は満足していない。最近導入された対策も、ほとんどがグリーンウォッシングで、問題全体の解決につながりはしないと思うから。

若い世代の運動家として、一番大変だけどやりがいを感じるのは、常に知識をアップデートして、考えが古い政策決定者たちに対して、僕たちの論点の正しさを示すことかな。年齢で差別されるせいで、若い人たちは間違ったレッテルを貼られて、真面目に取り合ってもらえないことがよくある。この気候の非常事態の影響を、世界中の若い人たちが直接受けているんだから、先入観で物を見たり、きりのない「非難合戦」をしたりせずに、世代を超えた協力を目指さなければならないのに。

この気候の非常事態の本質をしっかり理解している人とか、行動を起こそうと決意した人は、みんなすごいと思うよ。特に、環境に関する議論が注目されない国や地域にいながらも、環境を守る運動している人たちには感心するし、刺激を受けるね。

*

ギリシャにあるたくさんの島は影響を受けやすいから、気候危機はギリシャにとって大きな脅威になっている。ここ数年間はギリシャでも異常気象があったのに、気候変動についてはほとんど話題にならない。でも今、僕は汚染された空気を毎日吸っているし、暑すぎる気候の中で暮らしている。それに、次の異常気象で家が破壊されてしまうんじゃないかっていう心配もある。気候変動がいつなんどき僕の人生に大きな被害を与えるかわからないから、不安だよ。

気候変動の被害を最も受けやすい人たちの声が、議論の最前線でしっかり取り上げられるように強く訴えていきたいと思う。ギリシャは、気候変動に弱い沿岸部を持つ他の国と一緒に、ヨーロッパにおける環境保護運動のまとめ役、旗振り役となるべきなんだ。

恵まれた暮らしを享受して、気候の異変の要因となってきた国は、自分たちの被害対策はもう講じてあるから、気候の問題を無視できるんだって、僕にはよくわかる。最も苦しむのは、気候変動に対処するためのインフラが整備されていない地域の人たちだ。そのような国ではもう、すぐ目の前で最も過酷な被害が起こっている。家が壊され、仲間が溺れていく中、たくさんの人が国から逃げて、「環境難民」になっているんだ。

行動は言葉よりも強く響くよ。

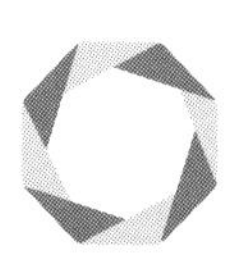

リリス・エレクトラ・プラット

11歳　オランダ

気候変動の影響とか、自然や人間の生活環境へのプラスチック汚染とかを止めるために、政府が責任ある行動をとろうとしないから、私は抗議してる。世界の子どもたちに安全で幸せな未来を過ごしてほしいし、みんなが自然と仲良くなって、すべての生き物に敬意を持てるようになってほしい。それに社会から差別が全部なくなってほしい。そのために私は運動してるんだ。

私の運動は2015年、7歳のときに、家の近くの道や公共施設でプラスチックごみやその他のごみを清掃する活動から始まった。それが、リリーのプラスチック回収プロジェクトっていう、定期的にごみを拾って、分別して、リサイクルをする活動になったんだ。あと、回収の結果を発表して、他の人にも参加してねって呼びかけたり、同じような活動をする人たちを応援したりもしてるわ。

気候変動対策が不十分なことに私も抗議しようって思ったのは、2018年9月に、グレタ・トゥーンベリさんがストックホルムで学校ストライキをしてる写真を見たから。「私もやらなきゃ」って、地元の町役場の外で毎週、抗議運動を始めたの。

オランダは他のたくさんの国に比べたら、そこまでひどい被害は受けてない。でも、国の半分以上が海抜0メートル以下のところにあるから、海面上昇にはすごく弱い国なんだ。

一番大変だと感じるのは、ネガティブな気持ちとか、個人攻撃とか、それにソーシャルメディアで受ける匿名の悪口とかを乗り越えなきゃいけないってこと。学校ストライキにやってきて、ストライキはくだらないとか君たちは学校に行くべきだとか叫んで、邪魔をする人もいる。そういう人たちは、緑を守る心をなくしてしまってるんだと思う。緑を守る心は、人間と自然の絆よ。政治家や大人たちは、緑を守る心を取り戻して、この絆がどんなに大切で、地球を救うために必要なのかを思い出さなきゃいけないわ。

自分の理想が正しいってこと、若い人たちの未来を守らなければいけないってこと、それに最後には必ず勝つってことを信じてるから、私は前へ進んでいく。私たちはこれからも運動を続けるよ。私たちは希望を失ってはいないし、みんなで団結すれば強いんだから。「みんなで作り上げれば、結果はついてくる」。これが、私たちの合言葉。

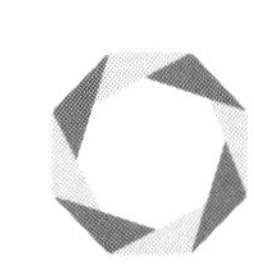

アンナ・テイラー

19歳　イングランド

小さいときから、私は無視されているような気がしていました。自然の環境はとても大事だと考えてきましたが、私と同世代の人たちは、環境が危機に瀕していることに誰も気づいていない様子でした。そこで私は、私と同じような若い人たちが一緒に運動できる場を作って、気候変動に対する意識を高め、もっとたくさんの若い人たちが気軽に運動に参加できるようにしたいと考えました。

最初は、自分の学校の内部で運動を始め、他の組織が呼びかけたデモ行進に参加しました。次に私はイギリス学生気候ネットワーク（UK Student Climate Network）という団体を設立し、#youthstrike4climate（気候のための若者ストライキ）という運動をイギリスで組織しました。これにはたくさんの労力が必要でした。

こうした運動をする中で忘れられないのは、太平洋の島に住んでいる運動家の仲間と、スカイプで話したときのことです。そのときはもう運動を始めて何カ月も経っていましたが、世界のどこかでは今まさに気候変動の壊滅的な被害が人々の目の前で出ているという厳しい現実を、遠くの出来事と考えてしまいがちでした。現地にいる仲間と話して、この現実を改めて確認できましたし、その地域で人々をたびたび苦しめている異常気象の被害について話を聞くと、涙が出てきました。もっと何かしてあげられないことを申し訳なくも感じました。この出来事に刺激され、私はさらに踏み込んだレベルで、公正な気候変動対策を求めていかなければならないと思うようになったのです。

両親は最初、そこまで協力的ではありませんでした。しかし今では両親も私の運動をそんなに悪くは思っていないと思います。自分の心の健康を保ちながら運動をやるのはとても大変です。運動に参加して、目的意識やモチベーション、力、団結心が得られたのは、私の心の健康にもさまざまな点でプラスになりました。けれども、良いことも多すぎると毒になりえます。運動に身を投じるせいで生活が犠牲になることもときどきあり、それだけが気がかりでした。すぐには成果が出ないもののために1日24時間、週7日、全部の時間を使わなくてはならないのですから。

今は楽しむ余裕も出てきましたが、最初はTwitterで投げつけられる誹謗中傷にとても驚き、意気消沈しました。また、こういうことすべてに加え、学校の勉強もしなければならなかったので、疲れ切ってしまうときもありました。

それでも、気候変動対策を求める運動に参加したことで、私は数少ない希望を見つけることができました。若者が主導権を握り、何百万人もの子どもたちが共通の目標に向かって同時に連携する、こういう全世界的なムーブメントは、これまでになかったものです。これは希望、優しさ、寛容によって成り立っている運動です。この世代の一員に生まれてこられたことは、私の人生で一番の誇りです。この人たちと未来を分かち合えるのなら、これから起こることには大きな期待が持てそうです。

自分のビジョンとより良い将来像を分かち合える、希望を捨てない人たちと共にいましょう。

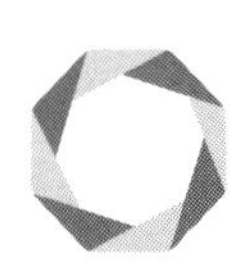

ライナ・イヴァノヴァ

15歳　ドイツ

世界で今何が起こっているか、私が気づいたのは、アル・ゴアさんの『不都合な真実』というドキュメンタリー映画を見たときだった。映画で描かれてた気候変動の被害の残酷な様子は、見てて辛かったわ。だから私は行動を起こそうと思ったの。ただ悲しんでるだけでは、もう何も変わらないから。

今年の初め、私は妹に気候変動について教えた。妹は7歳で、動物が大好きなの。6度目の大量絶滅（訳注：地球の歴史の中で生き物が大量に絶滅したことが過去に5回あったとされる。現在は6回目の大量絶滅と言える状況であり、その原因となっているのは人類である）のことを妹に話すと、妹は怖がって泣き出しちゃった。妹をどんな気持ちにさせてしまったのかと思うと、私は足元が崩れ落ちていくような気分になったわ。

若い運動家として気候変動対策を訴えるのはとてもストレスがたまることだわ。よく批判されるし、馬鹿にされることだってときどきある。今、一番悩んでるのは、車で移動したりプラスチック製品を買ったりすると私に何か言われるんじゃないかって、私の友達が私を鬱陶（うっとう）しく感じてしまってることね。

私の地元ハンブルクでは、気温の上昇が最大の問題になってる。2019年の夏、ドイツは史上最高の暑さを記録したわ。こういう状態だと、普段通りの暮らしをするのも難しくなる。みんなそこまでの暑さに慣れてなくて、エアコンもないから、学校でうまく集中できない。放課後もとても暑いから、屋外に長時間いることができないわ。

国のリーダーたちは、環境が崩壊すると、経済にも良くない影響を及ぼすってことに気づくべきよ。もし自分の国で何か1つ変えられるなら、みんなの考え方を変えて、環境に感謝できるようにしたいと思うわ。変化は自分自身から始まるの。そうしてもっとたくさんの人が、自然や私たちの周りに住む地球上の生き物に感謝するようになれば、それを守ろうとするようにもなると思うわ。

TOPIC

映画『不都合な真実』

アル・ゴアのドキュメンタリー映画『不都合な真実』は2006年に発表された。ドキュメンタリー映画としては当時最高レベルの興行収入を記録したこの映画は、気候変動に関する世論に、どんな科学論文や報告書よりも大きな影響を与えたと言われている。

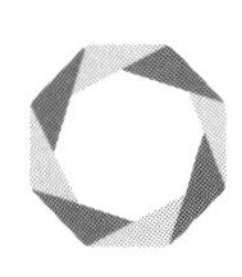

フェデリーカ・ガスバッロ

25歳　イタリア

気候変動対策運動に立ち上がるための勇気を私に与えてくれた出来事が、3つあります。

私は自然と山に囲まれたイタリア中部に位置するアブルッツォ州の生まれですが、家族と一緒にずっとローマで暮らしてきました。休日にはよくアブルッツォに戻りました。山でハイキングをしているときに母はよく、道端に捨てられた飲み物のボトルを見つけると、それを拾ってゴミ箱に捨てていました。しっかり教養を身につけ、周囲の世界に敬意を示すことが大事だと母はよく言っていました。

中学校のとき、地理の時間に、今はもうなくなってしまった湖のことを習いました。私はとても悲しくなりました。先生は、そうなったのは気候変動が原因だと言っていましたが、そのとき私には意味がよくわかっていませんでした。成長して、もっといろいろなことを学んでやっと、私たちが生態系にダメージを与えているのだと気づいたのです。

2年前の夏、私は地中海で海水浴をしていました。あるとき、水面からヒレが現れました。サメのように見えましたが、地中海では岸に近いところにはサメは来ません。それでもみんな、岸に避難しました。結局、それは死んでしまったかわいそうなイルカだとわかりました。それが浜に打ち上げられると、口からプラスチックが出てきました。とても衝撃的な光景で、私は泣いてしまいました。このことを思い出すと今でも胸が痛みます。

私は今すでに深刻な被害を受けている地域に住んでいるというわけではないので、とても幸運です。しかしイタリアでは、特にヴェネツィアと、マテーラという南部の町で、気候変動が洪水を引き起こしています。ヴェネツィアでは、洪水はよくあることでしたが、ここ数年で起こっているような世界遺産の町並みが破壊されてしまう規模の洪水は、これまでにはありませんでした。マテーラで洪水があったのは初めてでした。南イタリアでは普通、洪水は起きないはずなのです。また、世界中で気候変動の被害が激化すると、イタリアにも気候難民がたくさんやってくるでしょう。

*

若い人たちは、気候変動との闘いにおいて大きな力となり、困難に打ち勝つことができると私は信じています。世界の人口の半分以上が、私たちのような若い世代で構成されています。私たちは気候変動とともに成長し、生涯ずっと、その影響に対処していかなければならない世代なのです。私たちは自分たちの生存と未来をかけて闘っています。私たちは、科学の豊富な研究成果と、ソーシャルメディアのスキルと、最新のテクノロジーを持っている、いわば恐れを知らない戦士です。力強いアイディアと、無限のエネルギー、そして揺るがない決意があります。ですから、勝利するまで立ち止まるつもりはありません。私たちは未来の市民です。世界は変えられます。私たちの手で変えるのです。

この頃、世界中が目撃しているように、気候変動に対抗する若い世代の運動は、人々の意識を高め、政治家たちに危機に対処するように圧力をかけたという点で、有意義な前進を遂げました。何百万人もの人をストライキへと動員し、次の10年間に多くの予算を気候変動対策に使うという公約をヨーロッパ連合に作らせることもできました。団結した私たちは、私たちの地球の叫びを体現したのです。これまでは声にならなかった叫びです。私たちが立ち上がったので、その叫びをリーダーたちに聞いてもらうことができたのです。

TOPIC

気候難民

地球の気温が上昇するとともに、多くの人がヨーロッパへ避難場所を求めて地中海を渡ろうとしている。今後、干ばつや農作物の不作のような気候変動の被害が増えると予想され、それに伴い、危険なルートを辿って移住しようとする人も増加する。

望んでいるだけではなく、実際の行動に移る必要があります。

QUESTION

気候危機を不安に思っている人たちに、どんなことを伝えたい？

気候危機を自分のこととしてとらえてみて。この危機に対して怒って、その怒りの感情を、変化を起こすための声に変えていこうよ。

ローラ・ロック

18歳、イングランド／ハンガリー

ドイツのことわざに「分け合えば悩みは半分になる」というものがあるわ。不安に思う気持ちを他の人と共有して、気候変動について話し合おうよ。

ライナ・イヴァノヴァ

15歳、ドイツ

乗り越えなければならない最大の壁は、自分が何をやっても大きな変化は起こせないんじゃないかっていうプレッシャーと、自己不信に向き合うことだと思う。私だって、自分ですべてを変えたいし、何でもやりたいけど、それは無理。いろいろな問題を解決したいなら、システムを変えていかなくちゃいけない。

ホリー・ジリブランド

15歳、スコットランド

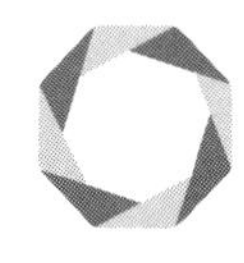

ローラ・ロック

18歳　イングランド／ハンガリー

ローラ・ロックは気候変動対策を求める学校ストライキに参加する許可を得るため、以下のような手紙を学校に書いた。本人の求めにより、プライバシー保護のために学校や先生の名は公開しない。

＊

２０１９年２月

ＸＸ先生

10代の若者たちは、無秩序な考えや非理性的な思いつきから変化を求めているわけではありません。16歳という年齢の私は、まだ投票という形で動かすことのできない政府に従わなければなりません。でも政府の気候変動対策の失敗に対して怒り、不満に思うどんな権利もあるはずです。国連は、壊滅的な気候変動を防ぐための時間はあと12年しかないとはっきり言っています。このままでは絶対にいけません。１００の企業が二酸化炭素の排出量全体の7割を排出しているのですから、気候変動はもはや個人の問題ではありません。部屋を出るときに電気を消すだけでは世界は何も変わらないのです。本当に実質がともなった成果を望むなら、多国籍企業に対して規制を設けるという、高いレベルでの政治的な変化を求めなくてはなりません。しかしそれは現在行われていないのです。

生徒たちがストライキをしているのは、政治が30年間何もせず、制度の欠陥が続いてきたからです。このストライキは決して、あなたたちが言うような「学校をサボるための口実」ではありません。権力を持っている人たちに対して、気候非常事態宣言を出してほしい、そして若い人たちの声も政策議論の場で取り上げてほしいと、請願しているのです。ストライキをしなくてもいいんだったら、やりたくないのです。私たちはみんな、試験が迫っていますし、やらなければならないことがたくさんありますし、本当は授業に出席したいのです。それなのに、気候変動の問題は私たちの根幹に関わるので、教育の義務よりも優先しなくてはならなくなってしまっています。

政治家たちは、気候変動が世代を超えた問題であるという本質をとらえることができていません。多くの民主主義国家のリーダーの任期は10年を超えませんから、長期的な課題を革新的な方法で解決しようとする意欲が政治にはありません。権力を持っている人たちは、若い世代のことを軽視しています。そのため私たちは、自分たちのメッセージや要求が広まるかどうかは、人々にどれだけ注目されるかにかかっていると考えます。私たち若い世代はよく、政治への参加が少ないと批判されます。だからこそ、この平和的なストライキという市民的不服従は、私たちが本気で環境を重視しており、未来に対して責任を果たそうとしているという意志表示にほかなりません。ヴォルテールの「あなたたちの畑を耕さなければならない」（Il faut cultiver votre jardin）（訳注：18世紀のフランスの啓蒙思想家ヴォルテールによる小説『カンディード』の最後の一節。ヴォルテールの原文は「Il faut cultiver notre jardin／私たちの畑を耕さなければならない」）という格言は、今はもう時代遅れです。気候変動を止めるために、根本的な前進が必要なのです。環境保護論者のルーシー・シーグル（訳注：ジャーナリスト、作家。環境問題について多く発言している）によって作られた「社会的健忘症」という言葉は、まさに政治家たちの視野が狭い行いと、未来の世代が受け取ることになるその無慈悲な結果を言い表しています。

全国校長協会は、生徒が学校を休むことを「容認せず」、授業時間中は教室にいなくてはならないと表明しました。学校側にも絶対に守らなければならないラインがあるのはわかりますが、ストライキは平日に行われる必要があります。グレタ・トゥーンベリさんの言葉を借りるなら私たちは、「危機を危機として扱わなければ、解決することもできない」のです。地球規模の課題が今や教育よりも重大なものになってしまったという、抗議運動の本質をはっきり示すためにも、抗議運動は金曜日に行われなければなりません。地球全体を脅かしている気候変動は、学校をどうするか以前の問題です。私は教育を受ける大切さに反対するわけではありませんが、トゥーンベリさんと同じく、もし守るべき地球が滅びてしまったら、地球を守るために教育を受ける必要もなくなってしまうと考えています。緑の党のキャロライン・ルーカス党首もこの考え方に賛同していて、未来の由々しき危機に立ち向かうのであれば、これまで通り普通だったことはもう通用しないと示すためにも、抗議運動は平日にやらなければならないと言っています。

偉い人たちが運動に抵抗するのは、この有害な危機よりも小さな国内の問題を優先させる、狭い視点に囚われているからです。ストライキに関して、ダミアン・ヒンズ教育大臣は「先生たちの余計な仕事を増やすだけだ」と主張し、テレーザ・メイ首相は時間のむだだと考えています。しかし、政治のほうこそ30年間、大規模な事業を規制するどころか、拡大し続けて時間をむだにしてきたのですから、人間がこれからも生きていける地球を求めて運動するのは別に過激なことではないと私は思います。持続可能な社会の発展を夢物語で終わらせてはなりません。それは全く実現可能であり、それを成し遂げられるという希望をもたらすのは、私たち若い力なのではないでしょうか。

私たちの学校の校是は生徒に、「環境に配慮する意識」を身につけ、「国際社会への責任感」を育むように求めています。これが我が校の校是ですと言っておきながら、どうして気候変動対策を求める国際ストライキへの参加に反対できるのでしょうか？　主体的に市民として社会に関わるのは私たちの義務ですし、ストライキは変化を促すために必要な手段となっています。

私たちの学校は生徒たちがより良い、より安定した地球を求めて闘うのを応援するべきです。環境委員会のような自発的な取り組みが内部で行われている我が校は、環境に配慮するためのさまざまな努力をしています。ではこの国際ストライキを支持できない理由は何ですか、と私は問いたいです。

気候ストライキのために授業を1日(や2日)休んでも、生徒に悪影響を及ぼすことは絶対にありません。前回のストライキに参加した我が校の生徒たちは、「力をもらった」、「感銘を受けた」、「信じられないほど素晴らしかった」という感想を述べています。生の経験は、どの生徒にとっても、政治的にアクティブになり環境意識を高めるための励みになります。私も、ストライキに参加して自分の行動にもっと自覚的になりましたし、私の友達の多くは地球のためを思ってベジタリアンになりました。しかしそれだけではなく、すでに書いたように、この問題において大事なのは大局的な見方です。3月15日の国際ストライキがどれだけ重要か、理解してください。この重要性は授業の出席者数や教育行政の決まりごとに勝るものなのです。

生徒たちがストライキに参加する権利を否定するのは、我が校の校是からすればダブルスタンダードであり、我が校の校是が偽善だということになります。またそれは、生徒の民主的な権利行使の侵害にもなります。逆に、生徒の参加を後押しするならば、良心的で博学な生徒を育てて送り出すという形で、真の国際的なコミュニティを育んでいる証になります。科学的な統計は何年も前から出されており、気候変動のニュース自体は新しいものではありません。新しいのは、それに対抗する行動なのです。政治の舞台に若者が突然登場してきたのは、私たちの権利と、私たちの声を聞いてほしいという要求を強めるためにほかなりません。大人たち自身の未来と同じように私たちの未来も考えてほしいと頼むことは、決して度を越した行動ではないはずです。

先生は私の論点を理解してくれるに違いないと私は考えているので、こう問いかけたいです。気候に関するデータはたくさんあります。ストライキを支持するという世論の声が無数にあります。参加すれば素晴らしい成果が得られます。そのようなストライキに生徒が参加することに、どうして反対できるのでしょうか？　さらに、もし応援してくれているのなら、なぜ欠席を「例外措置」として認めてくれないのでしょうか？　レオナルド・ディカプリオは、国連でスピーチをしたときにこう言いました。「あなたたちは未来の世代から称賛されるか、非難されるかのいずれかです」。気候変動は私の世代にとっても、先生たちの世代にとっても、決定的な課題です。私たちの地球が壊されていくのを、ただ黙って見ていたくはありません。

先生がここで正しい判断をしてくださることを、お願いします。

ローラ・ロック

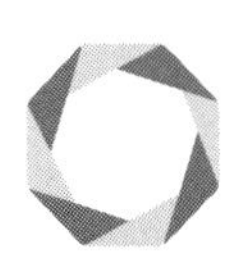

アギム・マズレク

23歳　コソボ

ヨーロッパで最も新しく、最も孤立したコソボという国に住む者として、10代の頃の僕は、若い人たちが独創性を発揮できるような活動を企画したいっていう理想を持っていたんだ。そこで僕は、同じ考えを持つ友達と一緒に、コソボの最南端にある山岳地帯、シャーリ国立公園への旅行を計画した。それで僕らは、この山こそ故郷だって感じたし、国の大部分の地域で利用される飲み水がここの山岳地帯から来ていることも知った。

シャーリの山岳地帯は僕の環境保護の取り組みの根本にある。僕は山の自然に力をもらったんだ。でも他方で、山の生態系が人間の不公正な活動によって危機に直面していることにも気づかされた。愛する山を守りたいっていう正義感が、僕が環境問題と気候危機に関心を持ち始めた大きなきっかけになったんだよ。

気候変動はすべての人に影響するけど、不公平なことに、最も弱い人たちが最も大きな被害を受ける。僕と同じ世代のほとんどは、コソボ紛争の直前か紛争中に生まれた。政治的な問題であれそうでない問題であれ、外的な要因のせいでコソボは不安定になっている。まだ完全に復興していないところに、気候変動がさらに追い打ちをかけているんだ。同世代の若者たちの中には、高い失業率と治安の悪化のせいで、コソボから出てかなければならなくなった人もたくさんいる。干ばつや異常な気温、それに洪水は、農業、製造業、サービス業など経済のいろいろな分野に影響して、失業率増加の原因となるばかりだ。

僕はさまざまな角度から運動に取り組んでいる。環境問題に対して小さくても効果がある限りは、どんなことでもやる、というのが僕のモットーなんだ。一番力を入れてきた分野は、再生可能エネルギーと対気候変動政策だ。

僕が一番伝えたいのは、気候変動を地球全体の非常事態として考えなきゃいけないってことと、はっきりとした対策が今すぐ必要だってこと。それに、気候のような全世界共通のテーマについて国際的に話し合うときには、コソボのようなまだ戦争から立ち直っている途中の場所を置き去りにしちゃだめだとも思っているよ。

アドリアン・トート

30歳　ベルギー

２０１５年、僕はマレーシアのプラウ・レダン島のアオウミガメの現地調査を行っていました。ウミガメは海中のプラスチックを、成長期の主要な食物であるクラゲと間違えて食べてしまっていました。このとき僕は、海がプラスチックのスープのような状態になっていると気づきました。今、僕はウミガメから遠く離れたベルギーに住んでいますが、カメの棲み処である海を汚さないようにしたいと考えています。

ブリュッセルを象徴するリュクサンブール広場は、欧州議会の前にあり、たくさんのＥＵの役人たちが仕事終わりに飲みに行く場所でもあります。残念なことに、屋外で出される飲み物は、その多くが使い捨てプラスチックに入れられています。その結果どうなるでしょうか。金曜の朝には、みんなが持続可能でない楽しみ方を毎晩してきた積み重ねとして、いくつものゴミ箱がプラスチックの使い捨てカップでいっぱいになっています。カップの数は１万個以上にのぼります。

この状況に危機感を持っていた友達と僕は、なんとかするための案をいろいろと出し合いました。最初は、人々に自分のカップを持参するように呼びかけるＦａｃｅｂｏｏｋのページを作りました。さらに、僕とエリアス・ドゥ・ケイゼルはプラスチック・フリー・プルックス(Plastic Free Plux)という、再利用できるカップのデポジット制度(訳注：容器の再利用を促進するために、再利用可能な容器に入った飲み物を、預り金を上乗せした額で販売し、もし客が容器を店に返却したなら、そのときに預り金を返却する方式)を立ち上げました。

２０１８年7月後半からこのシステムを導入し、毎週木曜の晩にはおよそ１００個の再利用可能カップが貸し出され、毎回約４５０個の使い捨てカップの節約になりました。この成果は僕たちのチームにとってはほんのスタートにすぎません。それ以来、僕たちは問題の完全な解決を目指し、バーの経営者や再利用可能カップのメーカー、そしてバーに卸しているいろいろなビール醸造所と協力してきたのです。

２０１９年2月には、カフェ・リュクサンブールが大きな一歩を踏み出し、店内で再利用可能なカップの導入を決めました。カップが1ユーロで貸し出された最初の試験期間は成功でした。世間の反応もとても良く、他にも3つのバーが、僕たちが考えたシステムを導入してくれました。今は、残りのバーにもこのシステムを導入するように声をかけていて、最終的には市内すべてに広げることを目指しています。僕たちの活動によって、これまで10万個以上の使い捨てカップが、埋め立てや焼却されずに済みました。

＊

気候危機の問題がどれだけ大規模か、どれだけ切迫しているかを自分たちで学び、家庭や地域や町などで、ひとりひとりの振る舞いを変えていくこと、それを始めれば、僕たちはみんな気候危機解決への一歩を踏み出せるのです。持続可能な社会へと舵を切り、移行していく必要があります。それを可能にするのは、草の根の運動と、気候変動を和らげつつそれに適応していくための取り組みに光を当てることだと、僕は固く信じています。ひとたびその流れが大きくなれば、システム全体が自然と変わっていくでしょう。

「素早く、正しく、誰も置き去りにしない形で動いたので、我々は気候危機を解決できた」と、2045年に振り返ったときに言えるようになることを願っています。

TOPIC
プラスチックと温室効果ガス

プラスチックは製造から廃棄まで、すべての段階において温室効果ガスの排出源となっている。2050年までには、カーボン・バジェット（訳注：人間の活動を起源とする気候変動による地球の気温上昇を一定のレベルに抑える際に想定される、温室効果ガスの累積排出量〈過去の排出量と将来の排出量の合計〉の上限値のこと）の13％がプラスチック由来のものになると予想される。

正しい考え方を持っていれば、みんながついてくるはずです。

アフリカ

アフリカ 人口：12億人

気候変動がもたらす大きな課題

● 水不足

北アフリカは中東と並んで、世界の中でも水不足が顕著な地域である。例えば、ナイジェリア、ニジェール、チャド、カメルーンにまたがるチャド湖は、2000万人から3000万人分の水源となっている。しかし1960年代以来、気候変動、人口増加、および無計画な灌漑が原因で、チャド湖は90％も縮小している。平均気温が2℃上昇すると、干ばつが増加し降雨量は20％も落ち込むと予想され、水不足の危機が深刻化することになる。

● 沿岸部の土地の浸食

降雨周期の変化と海面上昇は、アフリカ西部と東部の沿岸地域の浸食を加速させる。ベニンでは特に浸食が著しく、沿岸部の65％で、1年に平均4メートルも海岸線の後退が起こっている。

● 気候変動への適応の難しさ

世界の最貧困層のうち半分がアフリカに暮らしている。この人たちは、二酸化炭素排出量が多くない国に住んでいるにもかかわらず、海面上昇や熱波、食料や水の不足といった気候変動の影響を特に受けやすい。

● 異常気象

干ばつや暴風雨がさらに頻繁に起こるようになり、それにともなって地すべりも頻発する。このような異常気象はアフリカ大陸で2019年に56件記録されている。2018年の45件と比較すると、明らかな増加である。

※上記データについてはP.248参照

カルキ・ポール・ムトゥク

27歳　ケニア

気候変動は、僕がアフリカの食料の未来について考える契機になった。サハラ砂漠以南の国々では、さらに乾燥した気候になると予想され、きれいな水をめぐって紛争も起こるかもしれない。だから僕は、グリーン・トレジャーズ・ファームズ(Green Treasures Farms)という団体を設立したんだ。この団体は、ケニアの田舎で女性や子どもたちに有機農業や雨水利用の方法を教え、木を育てて環境の持続可能性を高める活動を行っている。

こちらの準備とは関係なしに、気候変動は僕らを襲う。だからとにかくこのような活動をやらなきゃならないと僕は考えているんだよ。気候変動が悪化していくのは明らかだから、常に地域社会と協力して、被害から立ち直るためのさまざまな仕組みを模索し続けなくてはならない。

気候危機の要因としては最も小さかったアフリカが、最も大きな被害を受ける。これは疑う余地がない。僕の国ケニアもその例外ではないんだ。ケニアの人々は激しい干ばつや飢餓、雨季の遅れなどを経験してきた。国の生物多様性の大部分を支えていた主要な森では森林火災が起こっている。つい最近では、僕の住んでいる町ナイロビを激しい洪水が襲った。人々は命を落とし、建物は壊され、生計の手段が失われてしまった。

　僕は、穏やかな自然が醜く不毛な風景に変わってしまう様子を見てきたし、轟音を立てて流れていた川や壮大な滝が、数年のうちに消えてしまう様子も見てきた。だから僕は、未来をより良く、より美しいものにしたいんだ。

　若い人たちや、被害の最前線にいるのに顧みられることがない人たちでも、気候変動対策の策定と実行のプロセスにしっかりと意味のある形で参加できるようにしたいから、僕は闘っている。自然に基づいたソリューションは、まさにそういう人たちが日々暮らしていてよく知っている環境に直接関わるものだ。けれどもそれが導入される際には、その当事者は政治家たちに無視されたり、配慮のない扱いをされることがよくあるんだ。また、僕たちはケニアの３５０．ｏｒｇ（訳注：アメリカに本部があるＮＰＯ）と協力して、再生可能エネルギーへの全面移行がケニアで達成されるように運動してもいる。

　気候変動を不安に思うのは悪いことではないと思う。むしろ、不安に思わなくちゃいけない。でも、それだけじゃ何にもならないことも事実だ。実際に、早急に行動しなければならない。時間が迫っているから、急がないと手遅れになってしまう。各国は気候変動の被害と闘うために、できることは何でもしようと努力するべきだ。この闘いに僕たちは勝てるはずなんだから。若者は、みんなの未来を救うためにクリエイティブな方法を思いついて、実行することのできる大きな宝だ。そのことをもっと知ってもらいたいな。

僕の小さな取り組みは自然の声を代弁している。自然のため、そして僕たち自身の命を支えてくれるシステムである生物多様性のために声をあげているんだ。僕たちはみんな、自分にできる小さなことをやらなくてはいけない。小さなことが積み重なって、大きな成果になるのだから。

女手1つで僕を育ててくれた母は、僕の夢と活動をいつも応援してくれている。母は気候変動が科学的に嘘じゃないってちゃんとわかっているから、人々や自然、そしてこの地球のために良い変化が起こるように望んでくれてもいる。環境のために闘い、運動をリードしている僕のことを誇りに思うと、よく言ってくれるんだ。

＊

世界のリーダーたちの中には、気候変動対策を求める運動につきまとってきた偏見を、いつまでも捨てようとしない人たちもいる。運動は怠け者の失業者や騒動を起こしたい人がやっている、という偏見だ。アフリカ出身の若い運動家ともなると、なおさらだ。誰も真面目に聞いてくれない。僕は大学で自然資源管理を専攻したっていうのに、それでも状況は変わらないんだ。

これはメディアのせいでもあると思う。僕たちは騒動を起こしたいだけの人だという風によく報道されて、それで偏見がなくならないんだ。特に欧米のメディアは、「アフリカの」若い運動家の話は世界に広めるほどのネタではないと思っているようだ。発展途上国の若い運動家たちの声こそ聞かれるべきで、その努力を広く知ってもらうべきなのに。

政治からは逃れられない。好むと好まざるとにかかわらず、社会では何をするにもそのときの政治が関係してくる。政治に良心がなければ、僕たちの運動も縮小してしまうんだ。だから、僕は気候変動対策をケニアで求めていくとともに、人々に対してしっかり責任を果たせて、気候変動の問題をなんとかするために闘いをリードしてくれる人たちに、政治を動かしてもらいたいとも考えているよ。

世界のリーダーたちがずっと嘘をついてきたことを、若者たちは見抜いているんだよ。

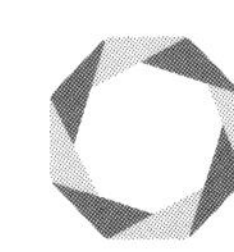

ンチェ・タラ・アガンウィ

25歳　カメルーン出身
アメリカ合衆国在住

地球は今まさに、僕らの目の前で変化している。地球上の多様な生き物たちがもっと快適に暮らしていけるようになるならいいんだけど、悲しいことに、変化は悪い方向へ向かっている。気候変動は間違いなくカメルーンの重要課題だ。農家が大きな被害を受けている。気候危機のせいで、家畜を放牧する人たちが、普段の放牧場所から離れた所まで家畜に草を食べさせに行かなきゃいけなくなった。でもそこは、畑作農家が予測不能な天気になんとか対応しようと奮闘している場所なんだ。これは、畑作農家と放牧農家の間の争いや、部族間の争いが頻発する原因になっている。国内の英語圏とフランス語圏の内紛のせいで、こういう気候の問題はさらに悪化する。若者たちが恐ろしい暴力に遭ったり、農園が破壊されたり、村がまるごと焼かれたりしているような状況では、気候変動を優先課題とは見なせないよね。カメルーンに平和が戻ってこない限り、気候変動の解決に動き出すこともできないだろう。

何か1つ、カメルーンで変えられるのなら、37年間、貧困や気候変動の対策、それに人権尊重のための具体的な政策を何もやってこなかった、今の政権を変えたいと思うな。

＊

僕はエチオピアに住んでいる仲のいい友人とＷｈａｔｓＡｐｐ（訳注：海外で主流のメッセージアプリ）でよくやり取りしていた。日常のことをいろいろ話した後、その子は、世界の気候変動対策を求める運動家としての僕の活動について知りたがった。それでその子は僕に聞いたんだ「正直に教えてほしいんだけど、そういう運動をしてるのは、自分たちの未来とか地球が本当に心配だからなの？　それともただの経歴作りのため？」ってね。

一瞬、ショックでフリーズしてしまったね。そういう質問をそれまで受けてこなかったからじゃない。気候変動対策を求める運動が今でも、儲かるビジネスだとか経歴作りだとかいう風に見られていることにショックを受けたんだ。これは、気候が変化していて、その恐ろしい影響が出ているという現実が、多くの人にまだ見えていない証拠だと思ったよ。

とてもたくさんのことが危機に瀕している。僕たちの目の前にある、よく知っていた環境が変わり果ててしまうかもしれないし、生物多様性が失われてしまうかもしれない。いくつかの代表的な種はもう絶滅してしまったし、もっと多くの種がこれからも絶滅していくのは科学的に明らかなんだ。国連が発表した、生物多様性の状況についての包括的な報告書は、その危機を包み隠さず伝えているよ。

気候科学について知らなかったり、知ろうとしなかったりすると、問題はもっと悪化してしまうよ。気候変動はもうずっと前から科学的に明らかになっているのに。地球が温暖化していて、その原因が人間だってずっと言われている。問題がどのくらい差し迫っているか、どのような流れで取り返しのつかない変化が起こってしまうか、科学は具体的に示してきたんだから。

こういうことを全部受け入れるのは怖い。でも科学は、ただ僕らのせいで世界が滅亡すると言っているだけではなくて、僕らに希望を与えてくれてもいる。どうすれば気候危機の進行を止められるかも、科学はちゃんと示しているんだよ。

だから僕は運動に取り組むようになって、アフリカ科学外交政策ネットワーク(Africa Science Diplomacy and Policy Network)という団体を設立したんだ。1年もしないうちに、アフリカ中から気候変動対策を求める若い運動家が700人集まり、強力でひたむきな、多様性に富むチームができあがった。僕はいろいろな人の意見を聞くボトムアップの方式を取り入れて、地球規模の気候危機と闘うために、世界中のメンバーを率いている。また僕は、政策と科学的エビデンスを結びつける必要があると訴えてもいる。気候変動と持続可能な環境についてのワークショップを開催したり、気候変動対策を求めるデモ行進を呼びかけたり、ストライキに参加したりもしてきた。

僕らのチームは密な協力のもと、気候と環境の危機に対処する効果的な方法の1つとして、自然に基づいた解決法を取り入れている。だから、2018年7月に僕がこの団体を立ち上げてから、1000本以上の木をみんなで植えてきた。地域のラジオ番組のおかげで、何千もの

郵便はがき

お手数ですが
切手を
お貼りください

1 6 0 - 8 5 7 1

東京都新宿区愛住町 22
第3山田ビル 4F

(株)太田出版
読者はがき係 行

お買い上げになった本のタイトル：

お名前　　性別　男・女　　年齢　　歳

ご住所　〒

お電話

e-mail

ご職業
1. 会社員　2. マスコミ関係者
3. 学生　4. 自営業
5. アルバイト　6. 公務員
7. 無職　8. その他（　　）

記入していただいた個人情報は、アンケート収集ほか、太田出版からお客様宛ての情報発信に使わせていただきます。

太田出版からの情報を希望されない方は以下にチェックを入れてください。

□ 太田出版からの情報を希望しない。

本書をお買い求めの書店

本書をお買い求めになったきっかけ

本書をお読みになってのご意見・ご感想をご記入ください。

＊ご投稿いただいた感想は、宣伝・広告の目的で使用させていただくことがございます。あらかじめご了承ください。

＊太田出版公式HP（http://www.ohtabooks.com/）でもご意見を募集しております。

人々に僕らの取り組みを知ってもらうこともできたんだ。

時間は迫っている。でも変化は起こせるよ。

セベネル・ロドニー・カーヴァル

30歳　エスワティニ

僕は気候変動の影響を非常に受けやすい国の出身だ。僕の国では、気候変動の被害を受けても回復できる構造を作るために、すぐに動き出さなくちゃいけない。

すでに僕の国では気温が普通より高くなっていて、僕の健康にも影響している。気温が高いとめまいや頭痛がするんだ。昔は使ったこともなかったエアコンを今は使わなきゃいけない。学校に通う子どもたちも熱波にやられていて、熱中症で気絶してしまう子もいる。

また、水不足も起こっていて、水道会社から水が来ないまま何日も過ごすなんてこともある。暴風雨も多くなっていて、家や車や庭に被害を及ぼしている。

エスワティニは貧困率が高くて、気候変動はその状況を悪化させている。多くのエマスワティ――国民はそう呼ばれているんだけど――は田舎に住んでいて、自給自足の農業を営んでいるけど、そこでは雨がとても大事になってくる。そういう人たちが育てている家畜が、頻繁に起こる干ばつで死んでしまっている。被害を受けた住民が食べていくための補助金を出さなきゃいけないから、国のお金もどんどんなくなっていく。

何も悪いことをしていないのに、こうやって被害に苦しめられているエスワティニの住民の姿を見て、僕は頑張ろうと思った。僕は気候変動対策の融資の責任者をしていて、住民が気候変動の悪影響の中でもやっていけるように支援をしている。自分の国で、低炭素化や気候変動対策の事業への投資がもっと行われてほしいと思っているし、そういう投資がしやすい、民間を惹きつけるような環境ができてほしいとも思う。

でも、政策決定者たちに意見を聞いてもらうのは、若いとなかなか難しい。国のリーダーたちに若者が意見を伝えるためのプラットフォームがないからだ。それに、気候変動の影響に効果的に適応していくためには、先進国の助けが必要だ。技術とか、知識とか、あとはもちろん、財政的な援助もだ。

＊

気候変動の代償を払わなきゃならないのは誰か？　適応するための力が限られている弱い立場の人々なのか？　それとも、これまで国の発展のために二酸化炭素を排出して、気候変動の要因となってきた、産業化された国々なのか？

気候変動はとにかく起こっているから、すぐに対策しなくちゃいけない。みんなで協力すれば、気候変動対策の目標を達成できるんだ。

僕たちはみんな、できることが何かある。自分にできることを見つけよう。

ジェレミー・ラーゲン

26歳　セーシェル

僕は気候変動対策を求めるにあたり、3つのことを軸にして、全力を尽くしています。

1つ目に、気候危機の不公平な構造を強調し説明していくためにやるべきことがたくさんあると考えて、運動をしています。セーシェルのような国は、気候危機の要因としては極めて小さいのに、最大級の被害を受けています。だから、踏み込んだ気候変動対策がとられるように世界に発破をかけるとともに、気候変動に適応していくための財政支援の必要性を一致団結して強く訴えている、セーシェルと小島嶼国連合（訳注：小規模な島や沿岸部の低地を有する国々によって1990年に設立された連合。43の国と地域から成る。気候変動のデータを収集し、意見を集約して国際社会に向けて発信している）の立場を僕は全力で支持しています。気候危機は僕のような、沿岸部に住むアフリカの島国の若者の人権を侵害するものです。もしこのままの状況が続けば、将来は国が沈んでなくなってしまうからです。

2つ目に、僕はセーシェルの政治家や政策立案者たちと直接話し合い、セーシェルの排他的経済水域内での石油や天然ガスの探査・採掘の計画をやめるように求めています。僕の立場ははっきりしていて、コスタリカやアイルランドも踏み切っているように、採掘活動の一時停止を提唱するものです（訳注：２０２０年12月時点で、アイルランドの採掘停止状況は段階的なものと思われる）。海底に穴をあけて石油や天然ガスを掘るのは、大海原の真ん中で自分の船に穴をあけるのと同じ自滅行為です。

３つ目に僕は、人類の活動が地球の命運を決めてしまう時代、「人新世（ひとしんせい）」という言葉が老若男女にもっと理解され、普及するように運動しています。「人新世」との関連でよく語られるプラスチック汚染の話題に気を取られて、気候危機の緊急性が意識から抜け落ちてしまう危険性はたしかにあります。でも、プラスチック汚染問題への意識が高まり、対処する必要性がより強調されるようになるのは、完全に良いことだと思います。僕たちが自然や環境を守る道に立ち戻ろうとするきっかけになるからです。人新世の概念を使って、プラスチック汚染を今の消費社会の最も顕著な症例として大きく取り上げれば、今や人類が地球に大きな影響を与えているんだと、もっと多くの人が理解してくれると思います。

これらに加えて、みんなが自分の意見を持って行動を起こせるように、教育をしたり知見を共有したりする活動を、草の根の組織や若者団体と協力して行っています。

＊

僕はセーシェルの農家に育ちました。だからずっと、植物や動物とつながって生きてきた気がします。外に出ることが好きで、シュノーケリングや釣りも大好きです。

けれどもセーシェルでは現在、僕の仕事にも影響する異常気象が起こっています。僕はアルダブラ浄化プロジェクト（訳注：アルダブラは世界で2番目に大きな環礁。世界自然遺産。アルダブラゾウガメなど独特の生態系が保たれ、上陸は厳しく管理されている）の共同代表を務めていて、5週間の遠征で海のプラスチックごみを25トン以上回収しました。現地でこのプロジェクトに従事している友達や同僚たちは、以前よりも強い暴風雨に襲われることが多くなり、補給物資を運ぶ飛行機の遅れによって、生活も脅かされています。また、僕のような多くのセーシェル人が住んでいる大きな島々では、海面上昇によって激化した高潮の被害を受け、道路の寸断が起こっています。さらに、異常気象は家や重要なインフラに損害を与えています。

セーシェルは今後数十年のうちに、人が住めない状態になってしまうかもしれません。海面上昇と異常気象がその頻度と威力を増しているからというだけではありません。海が酸性化し、海水温が上がれば、僕たちの経済に必要不可欠なサンゴ礁や魚が死滅してしまいます――サンゴの白化はもう始まっているのです。漁業者は個人経営であれ大企業であれ、どちらも大打撃を受けることになります。特に大企業の漁業者は国の輸出の80％を担っています。もし将来、マグロが取れなくなり、輸出できなくなったとしたら、生活にかかる費用は2倍に跳ね上がるでしょう。僕を含めたほとんどの人がセーシェルで生活できなくなってしまいます。

子どもを持ちたいかどうか考えても、無理だという結論にいたります。海の豊かな生態系が失われたり、危険なので外で遊べなくなったり、今は普通だと思われている食べ物や他のいろいろな物が手に入りづらくなったりするような世界で、僕らの子どもたちが育つのはかわいそうです。このままでは国が消えてしまい、子どもを持つどころではなくなるかもしれないし、文化や生き方など、自分のアイデンティティを子どもたちに伝えていくこともできなくなってしまうかもしれません。気候変動をこのまま野放しにしていたら、やがてセーシェルは、かつての面影が何も残らない抜け殻（シェル）になってしまうでしょう。

ニュースを聞き流すだけではいけません。自分たちのために行動を起こしましょう。

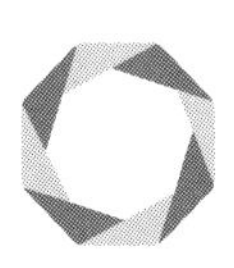

ルセイン・マテンゲ・ムトゥンキ

16歳　ケニア

僕が環境保護の運動を始めたのは13歳のとき、人間がどれだけ木を切り倒し、どれだけの森が破壊されてきたか、ショッキングな数字が書かれた記事を読んだからだ。ケニアでは毎日サッカー場6個分の森が失われてると書いてあった。木が失われると、水循環が壊されて干ばつと洪水が増えるから、気候変動がもっとひどくなるという説明もあった。

気候変動の影響がこんなに深刻だって、多くの若者は知らないのに、被害を一番受けるのは僕ら若者だってことがショックだった。僕はとても悲しくなって、どうしてみんな、自分たちにとって良くないとわかっていながら、森や環境を破壊するんだろうって思った。

そのときに僕は、どんな小さなことでもいいから、環境を守るために何かやらなきゃと決心したんだ。それに、学校では気候変動について習わないから、もっと自分で学ばなきゃいけないとも考えた。僕はサッカーが上手くなりたくて一生懸命やってるから、もっとゴールを決めて、同時に環境も守れるような、クリエイティブでやる気の出る方法を思いついたんだ。その取り組みにツリーズ・フォー・ゴールズ(Trees For Goals)と名付けた。ゴールを決めるたびに木を1本植えることにしたんだ。

ツリーズ・フォー・ゴールズの取り組みをチームメイトにも紹介したら、みんな一緒にやるって言ってくれて、もっと多くゴールを決めてたくさん木を植えられるように頑張ろうということになった。練習の合間にはチームメイトたちに気候変動についての情報をシェアし、僕ら若者が行動を起こすべきなんだって伝えた。チームメイトの多くは今まで木を植えたことがないってわかったから、みんなに木を植える体験をしてほしくなったんだ。

1日に600本の木を植えるという計画を立ててたときは、友達に笑われて、できっこないよと言われた。当日、僕は友達は来ないんじゃないかと思ってちょっと緊張していた。でもみんな来てくれて、両親や兄弟や他の友達を連れてきてくれた人もいた。霧雨が降る朝だったけど、みんな準備は万端だった。環境保護団体の人が、在来種の木をどこに植えたらいいか教えてくれて、正しい植え方を実演してくれた。しまいには、600本すべてを1時間で植え終わった。友達が自分の植えた木に名前をつけて、環境を守る活動にすごく熱心に取り組んでくれてる様子を見て、僕はとても幸せだったよ。

今は、他の学校やスポーツクラブを訪問して環境について話し、そこのみんなが自分たちで環境保護運動を始めるのを後押しする活動をしてるんだ。

気候変動そのもののメカニズムとか、その被害を食い止めるために僕らのような一般市民や若者でもできる行動とかを調べるときには、信頼できて、正確で、最新のわかりやすい情報をどこから仕入れるべきか、ちゃんと見極めなきゃいけない。それが若い運動家として特に難しいと思うことだ。それと、学生として、学校の課題、サッカーの練習、友達との付き合い、ツリーズ・フォー・ゴールズの運営を全部うまく回していくのも難しいね。

＊

僕の国は雨季が途絶えて、深刻な被害を受けてる。田舎のおじいちゃんおばあちゃんのところに行くと、昔はその家の近くを流れる川があって、僕のお気に入りの場所だった。でも今行くと、川はよく干上がってしまってる。地域の農作物にも悪影響が出てるっておばあちゃんは教えてくれた。農作物を育てるためには雨が欠かせないけど、それがなくなってるから農家の人たちは苦労してて、多くの国民が飢えてるんだって。

家で水を使える日も、前と比べて少なくなった。お母さんが教えてくれたんだけど、水位が下がったから、市が水を配給制にしたらしい。週に3日とか4日、水なしで過ごさなきゃいけないこともあるんだ。そのうち、気候変動のせいで水の量が減って、水道から水が出なくなって、水の値段がもっと上がっちゃうんじゃないかな。そうなると、政府はひとりひとりが使える水の量を決めなきゃいけなくなる。南アフリカのケープタウンで実際に起こったことだ。これは近隣の人たちとの争いの種にもなっちゃうと思う。僕たちは水がなければ生きられないんだし、みんな自分が生きるために必死になるだろうから。

雨が降ったときは降ったときで、豪雨になって僕の学校の近くの川があふれて、学校に入れなくなるんだ。しかも、川底から有害物質が流されてくる。洪水は農作物をだめにするし、土石流の原因にもなる。土石流では村が壊され、子どもたちを含めたたくさんの住人の命が奪われてきた。もし気候変動への対策がとられなかったら、僕たちの世代が一番被害を受けることになる。だから運動をやめるという選択肢はないんだ。

ツリーズ・フォー・ゴールズの取り組みを始めてから、気候変動や今起こっている地球規模の危機について、たくさん学んできた。それにたくさんの友達や他の若者たちが、今何が起こっているか、自分に何ができるのかを知ろうとしているのも見てきた。何よりも良かったことは、大人じゃなくても行動を起こせると、みんなが気づいてくれたってことだ。

〝トゥエンデ・カジ(Twende kazi)〈訳注：スワヒリ語〉〟=さあ、動き出そう!

影響を受けた人物はいる?

この前ノーベル平和賞を受賞した、ワンガリ・マータイさんに僕は一番影響を受けたよ。マータイさんは環境保護運動の先駆者で、鉄の意志を持った女性で、真の大地の子だった。マータイさんのことを僕は「環境の母」と呼んでいるんだ。

カルキ・ポール・ムトゥク

27歳、ケニア

僕の母、エリザベス・サドラーです。自分の信じたもののために立ち上がることと、ありのままの自分でいることの大切さを教えてくれました。僕たち2人の子どもを育ててくれたシングルマザーとして、芸術家として、そして暴力的な夫との結婚のサバイバーとして、努力と決意で物事は可能になるということを、その身をもって教えてくれました。

ジェレミー・ラーゲン

26歳、セーシェル

私の両親であるサマンサ・ピアースとマーク・サンプソン、それに私が愛し尊敬する運動家の友達、そして変化を求めて不断の努力を続けてる国際的に有名な運動家たちから、私は力をもらってるわ。この人たちはみんな、私がトンネルに迷い込んだときには出口の光になってくれて、希望を与えてくれて、公正な気候変動対策のための闘いを続ける刺激になってくれてるの。

ルビー・サンプソン

19歳、南アフリカ

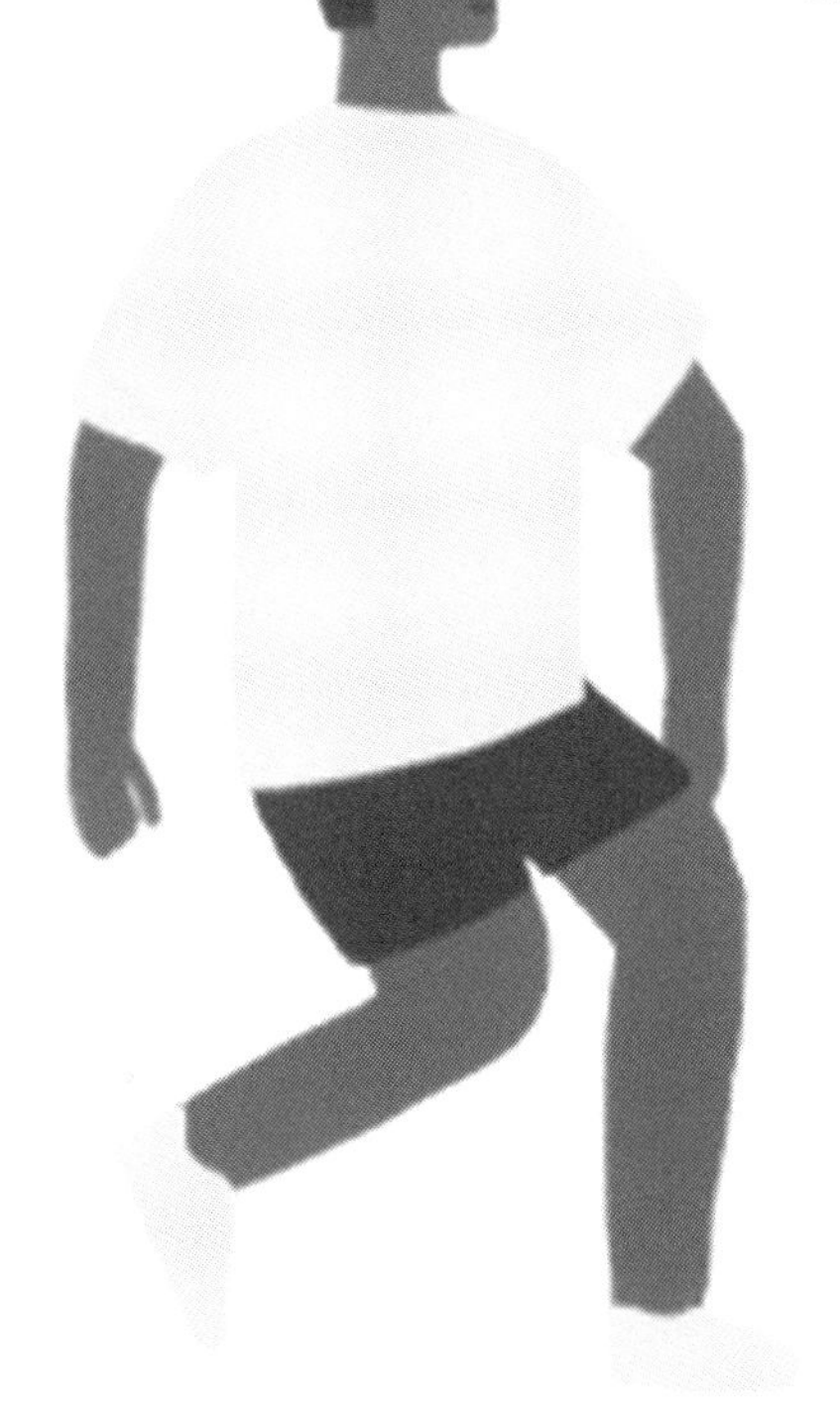

トワウィア・アサン

21歳　コモロ

私の出身地、コモロは小さな島国で、生物多様性ホットスポット（訳注：生物多様性が極めて豊かな一方、人類による破壊の危機に直面している地域）でもあります。これといった産業はありませんが、ごみの管理不足、森林の伐採、そして水の汚染が、コモロの環境悪化の主な要因となっています。私は森を守り、ごみの管理を改善するための運動を行っています。

私は生命科学を学んだので、コモロの生物多様性がいかに重要か知ることができました。また、こうした教育を受けて、生態系全体の安定を保つためにはそれぞれの種を守ることが大事だとも気づきました。

コモロでは、人々がまだ気候に関連する危険に気づいていないので、気候変動に対する闘いを行うのは難しいのです。残念なことに、いまだに多くの住民が、森が多すぎるので減らすべきだと思い込んでいます。危険に対する無理解こそが、早急に手を打つべき最大の問題だとわかります。そのための最初の一歩として、気候の問題への一般市民の意識を高める必要があります。

けれども、コモロはすでに気候変動の影響を受けているのです。季節はごちゃごちゃになり、生き物は絶滅していき、海面は上昇し始めています。小さな島国が直面しているこうした問題は、今後さらに悪化すると考えられます。

私の国のことで何か1つ変えられるのなら、国のリーダーたちが取り組む政策の優先順位を変えたいと思います。危機に対抗する手段はあるのに、私たちは負け続けているからです。家が燃えているのに、水をみんなに配ろうと一生懸命缶に詰めていて、目の前の火を消すのに使わない、今はそういう感じなのです。

＊

気候変動対策運動をやっていて私が直面する最大の困難は、周囲の冷笑主義です。「未来のことなんてわからなくない？」とか、「神にでもなったつもりか？」とか、「我々からお金を巻き上げようとしているなんじゃないのか、そうじゃない証拠は？」などという質問をよく受けます。

これは気候変動が長年、政治に利用されてきたからだと思います。日々悪化していくこの危機を止めるために、新たな道へと進まなければなりません。大衆の反感を買わないようにそのペースを調整しつつも、産業化のせいで起こるいかなる環境へのダメージも止めさせる、その方法を探るときです。私たちは新しいことをしなければなりません。そして、画期的な解決法をもたらせるのは、若い人たちだと私は信じています。

新しい方法を模索し続ける努力を惜しまず、そこで現れるリスクにも果敢に立ち向かい、純真な心で希望を持ち続けられる人たち、それが若い世代です。というのも、世界は私たちのものであり、どんな可能性も考えられると信じるだけで、すべてがうまくいくこともあるからです。そう信じる心がなければ、たくさんの障壁も乗り越えられず、持続可能な成果を世界に向けて打ち出すこともできなくなってしまうでしょう。

TOPIC

コモロの海面上昇

コモロはアフリカ大陸南東の海岸から300キロほど離れたところに浮かぶ、3つの島からなる国である。海面上昇がこれらの島の大きな危機となっている。すべての住民は海岸から10キロ以内のところに住んでいる。

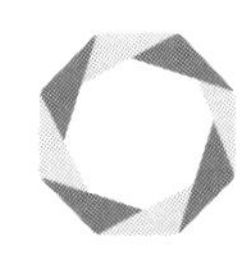

コク・クルチェ

28歳　トーゴ

農業経済学を学んだ後、僕はトーゴの首都ロメから85キロ離れたある村で、自分の農園を始めました。僕はこの地の風土と環境が大好きです。2.5ヘクタールの農園で、新鮮なトマト、ピーマン、ナスを生産しています。2014年10月までは、すべてはうまくいっていました。

2014年、まだ収穫前の作物が花をつける時期の11月、激しい雨がこの地域を丸1週間襲いました。畑は全部水浸しになり、僕がそれまでやってきた作業が水の泡になってしまいました。こうして多額の借金を抱えることになりましたが、同じ打撃を受けた近隣の農家たちの行く末はもっと心配でした。それ以来、未来の農家がもう洪水に苦しめられないように、なんとかするのが僕の使命だと思うようになりました。

この洪水問題の解決を主な理想に掲げ、環境保護運動を始めました。ロメや他の都市の95%以上の家庭で使われている木炭を生産するために、トーゴ南部では森の木がすべて切り倒されていました。木炭はトーゴの家庭の主要な燃料です。しかし森林伐採による動植物の生態系の破壊は、西アフリカ地域全体で降雨周期がおかしくなっている主な原因なのです。何か手を打たなければなりませんでした。

木炭に代わる燃料がないか検討した結果、ブタンガスが容易に入手できるということがわかりました。ブタンガスが導入されれば、少しずつでも、「木炭ゼロ」が現実的なものになります。結果として、僕たちの森の一部も、木炭製造業者に切り倒されず守られるというわけです。トーゴはアフリカの中でも数少ない、ブタンガスの供給施設が存在しない国でした。人々がガスを手に入れられる場所が1つもなかったのです。

そこで僕は唯一の移動手段であった自転車を売り、それを元手にジョニー・グループ(Jony Group)という会社を立ち上げました。そして5年も経たないうちに、150万トン以上のブタンガスをロメ周辺の約20万世帯に提供することができました。ジョニー・グループは今では直接雇用で42人、間接雇用で70人を雇えるまでに大きくなりました。宣伝活動の甲斐あって、会社のことを数千万の人々に知ってもらうことができ、環境保護のメッセージを届けることができたのです。

TOPIC

次善の代替案

化石燃料を燃やすのは気候変動の一因となる。しかし、貧しい国や地域が、安定した再生可能エネルギーで動く電気式のコンロを買えるようになるまでの短い期間、天然ガスや液化石油ガス、ブタンなどを燃料として使用するというのは、次善策である。それにより森林破壊と、年間400万人もの命を奪っている屋内の大気汚染を防ぐことになる。

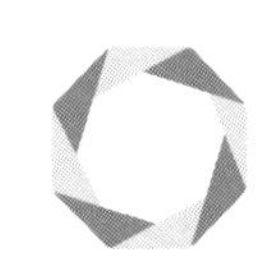

ツィリ・ナンテナイナ・ランドリアナヴェロ

28歳 マダガスカル

島国マダガスカルは、気候変動の影響に弱い国トップ10に入っています。この20年間で、気候変動の影響は極端な熱波、洪水、干ばつ、激しいサイクロンという形ではっきりと現れてきました。

過去数十年間のあいだに、マダガスカルでは森林の90%が失われ、100万ヘクタールの耕作地が不毛になってしまいました。気候の変化によって移住を余儀なくされた人々が首都に集まって人口過多となり、人々は不安定な治安と栄養状態の悪化の中で暮らしています。毎日、1日の収入の4分の1もする水を買うために、人々が容器を持って列を作っています。具体的な気候変動対策がとられなければ将来、海面は上がり続け、水や森のような資源はなくなる一方なのではないかと、僕は心配しています。

マダガスカルの人口の大多数を占めているのは若者なのに、僕たちはどんな気候変動対策にも参画できていません。僕自身、まだ若いので、年齢で差別されることがよくあります。僕たち若者だって声をあげているのだから、国のリーダーたちはその声を政策に取り入れなくてはなりません。僕はみんなに、小さなことでもいいので、気候変動を止めるために行動を起こすように強く求めたいです。僕たちの努力が合わされば、ひとりひとりの小さな行動が大きな力へと変わるでしょう。

TOPIC

マダガスカルの生物多様性の危機

マダガスカルは生物多様性ホットスポットであり、生息する9割の野生生物がマダガスカル特有の種である。しかし気候変動によって、その25%が絶滅の危機に瀕している。

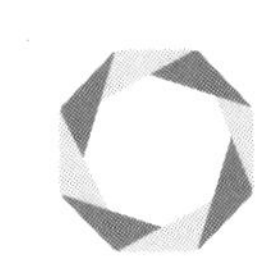

ルビー・サンプソン

19歳　南アフリカ

私が11歳のとき、両親がアフリカ一周旅行に連れていってくれた。そのときに気候変動のすさまじい影響を、この目で直接見たわ。シエラレオネの洪水とか、南アフリカの干ばつとか、セネガルの砂漠化とか。人々が亡くなっていくのを見て私は、社会は利益に目がくらんで、気候変動の過酷な現実を受け入れられなくなってるんだと改めて思い知ったわ。

この旅行に行く前、私にはいろいろな計画や目標があった。気候変動に縛られた未来なんて考えてなかったから。でも私たち人類が、じわじわと自分たちや他の生き物を殺していってるって気づいて、私の夢は叩きつぶされたわ。それ以来、私は何か行動を起こさないといけないっていう強い義務感と責任感を感じているの。他に誰も行動してないから。

忘れられない記憶がいくつもあるんだ。ナミビアの砂漠の厳しい干ばつの中での暮らし。牛にやる餌が何もないから、牛飼いの人たちは牛に満腹感を与えるために塩水に浸したダンボールを食べさせてた。シエラレオネのフリータウンの土石流で亡くなった人たちを悼んだこと。汚染された水のせいで、皮膚の色が抜けて治らなくなってしまったかわいそうな仲の良い友達。作物がたびたびだめになってしまい、家のお金がなくなってしまった友達。こういう記憶は全部私の中に爪痕を残してる。そしてもっと行動するようにと私の背中を押すの。気候変動に対抗する運動を第一に考え、必要な人のために公正な気候変動対策を実現しなければならないって。

私が仲間と一緒に設立したNGO、アフリカ気候連合(African Climate Alliance)は、南アフリカ政府に向けて4つの要求をしてる。

1つ目は、私たちはただ気候危機のただ中にいるんだという声明を市民に向けて出すこと。
2つ目は、石炭、ガス、石油の採掘許可を新規に出すのを、全面的に休止すること。
3つ目は、2030年までに、電力事業を再生可能エネルギーで100%行うように転換すること。
4つ目は、すべての学校で、気候変動とその南アフリカへの影響について教える必修のカリキュラムを作ること。

もし南アフリカで何か1つ変えられるなら、教育が不十分なことを何とかしたいと思う。アパルトヘイトのせいで、何世代にもわたって教育の不足と、雇用の不安定と、ひどい貧困が押しつけられてきた。アパルトヘイトは人種で人を無慈悲に差別して、少数の人にだけ機会を与え、他の人種からはすべてを奪ったわ。この不当な制度は何十年も続いたから、民主主義が導入されても、その傷跡が簡単に消えたわけじゃないの。

私は、未来に苦しむことになる人たちだけじゃなく、今苦しんでる人たちのために抗議運動をしてる。モザンビークで、シエラレオネで、セネガルで、ナミビアで、そして南アフリカで、みんな気候危機の影響を今すでに実感してるんだ。住む場所がなくなった家族、親をなくした子どもたち――そういう人たちのために私は闘っているわ。私の抗議は、自分たちが危機に直面してるんだってみんなに認識してもらうためよ。それに、私は気候変動対策を求めて闘ってる。具体的には、気候危機そのものについて、公正な気候変動対策について、そして制度の変革についてのしっかりした教育と、気候の被害と闘っている農家やその家族に向けた必要な資材や資金の援助が必要だと思う。それに、再生不可能なエネルギーからの適切な脱却と、何よりも、ガス、石炭、石油をこれ以上使わないってのも重要ね。

気候変動の残酷な被害を和らげることと、失業や不公平、貧困に対処することは、同じ闘いだと思ってる。不安定で危険で健康に良くない石炭産業での仕事を、これ以上南アフリカの労働者に押しつけるのをやめると同時に、化石燃料から再生可能エネルギーへ移行するにあたっては、持続可能な雇用を生んで、ちゃんと労働者に提供しなきゃいけない。政府が気候危機に対して何も動かないから、南アフリカ国民の命が危機に瀕しているのよ。

恐怖で立ち止まらないで。団結して行動する力に変えよう。

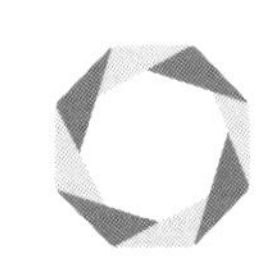

タファズワ・チャンド

23歳　ジンバブエ

地元のリーダーたちが環境のことを気にかけていない社会で僕は育った。水が不足してたのに、何もしてくれなかった。だから僕は、地元のコミュニティの状況を改善し、力を与えるような解決策を探そうと思ったんだ。

2019年、僕がジンバブエの都会から離れた地域で環境保護プロジェクトをやっていたとき、ほとんどの人が気候変動について何も知らなかったのですごく驚いた。その経験が僕を動かして、気候変動への意識を高めてもらうために地元政府に対して請願を行った。それに、地域の集落や学校にクラブを作って、意識を高めてもらおうともした。

僕が環境保護運動に積極的に関わろうと思ったのは、学校で環境クラブの部長をやったときだ。植物を育てる温室を作ったり、プロの人たちを呼んでリサイクルについて話を聞いたりしたんだ。

両親は僕の関心をわかってくれて、応援してくれた。僕が若者の団体を作るときには初期費用を出してくれたこともあった。

若くして運動をやっていると、注目を集めるのは難しい。唯一の方法は街頭に出ることだ。でも政治の状況のせいで、それも難しくなっているんだ。ジンバブエの政府は抗議運動とか社会運動を、自分たちへの脅威だと見なしているからね。

２０１９年、抗議運動の許可が降りにくくなるような法律を政府は可決した。僕たちは気候変動対策を求めるデモ行進をいくつか企画したけど、１つも許可が降りなかったんだ。だから僕たちは闘いの場を法廷に移している。湿地の保護に関する訴訟が７つ進行中なんだ。

*

僕たちがこの星に住み続けるためには、積極的な環境保護をしていくしかないんだよ。

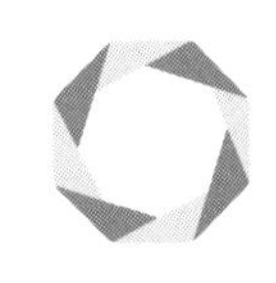

デルファン・カーゼ

25歳　ブルンジ

僕の住んでいる国は、農業が経済の中心だ。気候変動はすでに農作物に影響を与えている。雨季の周期が変わり、干ばつや洪水が増加しているからね。

ブルンジは発展途上国だから、農家が気候変動に対応し、被害を受けても立ち直りやすくなれるように援助するための十分な財力が政府にはない。僕たちは経済的に苦しいから、洪水の被害に苦しんでいる人たちを支援したり、干ばつで食べる物がなくなった人たちに食料を提供したりする余裕もない。気候変動はまさに社会問題だと思う。こういう被害対策をすることは、持続的な経済発展を目指す足かせになるとわかっているけど、何もしなければ、飢餓や洪水で多くの命が失われてしまう。

＊

僕の運動は、驚くべき規模で進行している森林伐採に反対するものだ。ブルンジの家庭の台所で主な燃料として使われる木材を得るために、木が切り落とされている。そこで僕は、トウモロコシなどの有機ごみから作られた環境に優しい炭を普及させる社会的企業を立ち上げた。この環境に優しい炭は煙も出ないから、室内の空気が汚されることもない。これを使えば、人々の健康、特に女性や子どもの健康も守られるというわけだ。

ブルンジで、若者が気候変動対策を求めて運動するのは簡単じゃない。僕たち若者の意見は、年上の大人たちの意見よりも尊重されないからだ。

TOPIC

気候変動のブルンジへの影響

ブルンジに住む人の9割が農業関係の仕事をしている。そのため、気候変動はブルンジの人々の大多数に影響を与えることになる。

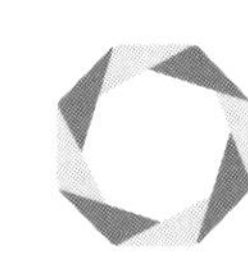

エリザベス・ワンジル・ワトゥティ

24歳　ケニア

人は自分の愛する物を守りたいと思うものです。私は、汚れていないありのままの自然の中で過ごした子ども時代を今でも忘れられません。学校に通っていたとき、通学路の思い出といえば、目の前にそびえる木々、近くの茂み、木の幹に吹きつける風の音、家の敷地のそばのきれいな小川、それに自然と1つになったときの、平和で穏やかな、素敵な気持ち――これらがすべてです。今、私が夢に見るのは、私たちの命を育んでくれる生態系を、人類が破壊するのをやめた世界のこと、そして、常に私の唯一の故郷であった自然のことです。

私は環境保護と気候変動対策を求める運動をしていて、グリーン・ジェネレーション・イニシアチブ（Green Generation Initiative）という団体の創立者でもあります。団体ではこの2年間、子どもや若者に実践的な環境教育のプログラムや植林活動に参加してもらい、手と体を動かして学んでもらうことで、自然を愛する心と環境に奉仕する意識を持ってもらうという活動をしています。私はまた、「木を育てよう」と題して、すべての学校の全生徒が木を植え、育てる機会を持てるようにするキャンペーンを運営しています。団体では、食料不安の問題提起をするため、学校にフード・フォレスト（食べものの森）を作る取り組みも行っていて、学校の構内の指定された一角に、いろいろな種類の果物の木を植えています。このように、私たちの団体では主に学校の緑化、実践的な環境教育の導入、そして木を植える文化を人々に根付かせることに焦点を当てていて、気候変動と闘うとともに、森林面積の増加に貢献しようとしています。

ケニアは気候変動の被害に弱い国です。現在の予測だと、２０００年から２０５０年の期間で、気温が2.5℃上昇するとされています。異常な豪雨が洪水や、土石流や、地すべりを引き起こし、人々の命や住む場所を奪うのを私は見てきました。人々が洪水に流される姿、命が失われていく様子、そして増えていく呼吸器疾患に子どもたちが苦しみ、さらに食料不足のせいで何も食べずに何日も過ごさなくてはならなくなっている様子を見るのは、とても恐ろしいです。最も大きな被害を受けているのは、子どもや女性なのです。

二酸化炭素排出量が多い国々は今でも、アフリカの国々が気候変動に適応し、その被害を減らすために必要な資金を手に入れようとするのを邪魔しています。もし私たちが、気候危機によって起こる将来の悲劇的な被害を避けたいのなら、この地球規模の裏切りと身勝手な振る舞いを、終わらせなければなりません。

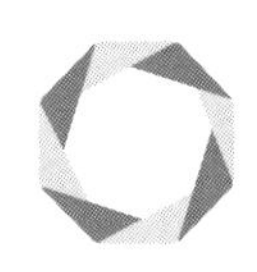

ネイ・マリー・エイダ・ンディエゲン

24歳　セネガル

みんなその目に熱狂の火を灯し、海岸でボールを蹴って遊んでいました。空と大地の間、大地と海の間の、この細長い地で、みんな遊んでいました。目の前には、荒波が立つ広大な大西洋が広がっていました。しかし、みんなの遊び場だったこの細長い地は、毎日来ていた少年少女たちが力なく見守る中、年を追うごとに小さくなっていきました。

今日(こんにち)ではその地は、世界から見放され、消えてしまいました。きっと世界は、どの土地も平等に同じ地球の一部であるということを忘れてしまったに違いありません。

私は背景を示さずにこの文章を始めました。ここはカヤール、セネガルの首都ダカールから58キロ離れた、小さな町です。カヤールは700キロにも及ぶセネガルの海岸の一角にあります。漁業が中心のこの町にとって、海は主要な収入源です。カヤールは魚市場と海岸で有名なのです。

海岸で遊ぶ若者たち、足で水を蹴ってしぶきをあげる少女たち、陸地の縁を濡らす波の音に話を戻しましょう。海は今、その子どもたちに牙を剥いています。世界中で、島や沿岸部に住む人々は、海面が上昇していくのを恐怖に震えながら見ています。徐々に削られていく海岸、消えていく島、洪水、気候難民などが話題にのぼらない日はありません。

　カヤールの住民は、かつては海の支配者でした。何世代にもわたって、海を飼いならして暮らしてきました。でも今では、海は手がつけられなくなってしまいました。少年たちのサッカー場は、10年もしないうちに半分の広さになりました。セネガルの漁師たちが使う伝統的な丸木舟は、もう海岸には置かれていません。浜辺に舟がずらりと並べられた有名な写真の景色も、もう見られません。今ではもっと海から離れた場所に移す必要があり、男たちが陸まで押して、小屋にしまう光景も珍しくなくなってしまいました。

　ちょっと立ち止まって、そのことについて尋ねてみれば、彼らはこう答えるでしょう。「海が上がってきている。舟も、我々の家でさえも、危険な状態だ」と。カヤールは危機に瀕しています。気候の異変、上がりゆく水位、絶え間なく起こる洪水、削り取られる海岸を前にしても、カヤールの住民たちは何もできずにいます。怒り狂う海から、人々を守ってくれるものは何もありません。

　ダカールから31キロ離れたバルニーでも同じ状況です。海は静かに迫ってきます。地元の住民たちは、なすすべなく、自分たちの家が消えていくのを見ていることしかできません。完全に無視される中、家が崩れていきます。まともな対策がなされていないのです。思わず目を背けて、別の世界を見ていたくなります。責任がしっかり果たされる世界、大規模な改革が行われる世界、町を救うための大規模なプロジェクトが機能する世界を。

気候変動の恐ろしい被害について語るとき、セネガルのサン＝ルイとその象徴であるゲンダール地区について語らないならば、冒涜になってしまうでしょう。ゲンダールは、サン＝ルイの一角にある漁村ですが、そこでは陸地が沈み、現実に気候難民が出ています。漁村の友であり、大事な資源でもある海は、ここでも牙を剥いています。ゲンダールは壊滅してしまいました。墓地は水浸しになり、家は壊れ、それなのに援助の手は全く差し伸べられませんでした。

別々の速度で気候が変化する2つの現実があるのでしょうか？　私たちは2つの別々の星に生きているのでしょうか？　そうではなくて、本当に同じ1つの星の住民だというのでしょうか？

ならばどうして、セネガルの海岸での出来事は顧みられないのでしょうか？　なぜ、気候難民となったセネガルの人たちはどうすることもできないまま、無視されているのでしょうか？私の国の未来を、みなさんは考えたことがありますか？　私たち、南側の発展していない国々は、世界全体の二酸化炭素の1％も排出していません。それなのに、気候変動の残酷な影響を最大級に受けています。

私たちは巻き添えになっても仕方ないのでしょうか？　私たちも同じ世界の一員だということに、みんなは気づいていないのでしょうか？

南極

南極 人口：定住者0人

気候変動がもたらす大きな課題

● 気温の急速な上昇

南極の一部では、地球の他の地域の3倍の速さで気温が上昇している。南極の氷河は、減っていく速度に生成が追いつかなくなっており、これが海面上昇の一因となっている。

● 動物の生息環境の消失

気温が上がると、生きるために氷を必要としている生き物の生息環境が失われてしまうので、絶滅の危機に陥ることになる。繁殖のために海面に浮かぶ氷が必要なコウテイペンギンがその一例。

● オキアミの保護

植物性プランクトンを主食とするオキアミは、海面の氷の下を餌場と隠れ場所にしている。南極圏の野生動物が事実上すべて、オキアミを主食としているので、氷床がなくなってしまうと、食物連鎖全体の危機となる。また、南極海は地球の中でも極めて多くの二酸化炭素を吸収しており、そのプロセスの中でオキアミは重要な役割を果たしている。

● 魚の乱獲

南極海での漁業は国際条約で規制されている。しかしそれでも、南極圏の生物多様性を脅かすような、規制の目をかいくぐった無届けの違法操業がなくなることはない。

※上記データについてはP.250参照

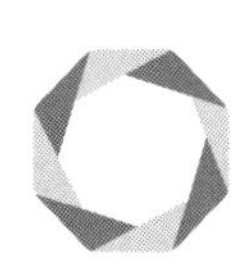

ゾーイ・バックリー・レノックス

26歳　南極
オーストラリア

ゾーイ・バックリー・レノックスは、グリーンピース（訳注：国際的な環境保護団体）の船アークティック・サンライズ号で南極へ行き、海洋保護区でのオキアミ漁に対する抗議を行った。以下の文章は、その期間中に彼女がつけていた日誌の抜粋である。

2018年3月8日　木曜日

今日は素晴らしい日だった。私たちはついに南極へと出発したのだ。ゾウアザラシを見て、ブーツを直して、船の仕事をちょっと手伝った。今日は国際女性デーでもある。南極大陸にはひどい性差別の歴史があることを考えると、そこに行くのになおさらぴったりな日じゃないか。女性は「ひどい寒さや過酷な環境」に耐えられないと思われてきたから、あの地に足を踏み入れることが元々は許されなかった。南極で女性が活動できるようになったのは1960年代、最初の探検隊が上陸してから100年近くも後の話だ。美容院やお店がないと女性は生きていけないし、行っても何もすることがないからって理由で行けなかったらしい。まあ、「女には科学の面白さがわからない」らしいからね。最低。

2018年3月10日・11日　土曜日・日曜日

外が寒くなってきた。南極に近づくにつれて、数時間ごとに気温がどんどん下がっていく。ドレーク海峡の波はほんの2メートルほどで、アホウドリが姿を見せてくれた。シロアホウドリとワタリアホウドリが1番大きくて（翼を広げると3メートルもある！）、寒さと風を我慢して外にいれば、少なくともこの2種は見られる。アホウドリたちは船の後ろを舞い、風の流れに軽々と乗って揺れたり、翼の先で水面に触れながら波の間を飛んだりしていた。まるで船の後ろに見えない糸で結わえられた凧が上昇気流をとらえて、船が進むのについてきているみたいだ。トウゾクカモメとミズナギドリ目の鳥たちもやってきた。ミズナギドリはいろいろな大きさと形に分かれて並んでいた。翼を広げると2メートルになるものもいれば、23センチぐらいのものもいる。小さいのはウミツバメで、波の上をヒラヒラと舞い踊っていた。弓なりの翼、せわしなく動く脚、黒い体と白いお腹が素敵だった。今日はペンギンも見られた！　ほんの一瞬だったけど、4、5羽が列になって、水面から飛び跳ねてまた潜っていった。

2018年3月14日　水曜日

今日はパラダイス・ベイ（訳注：南極半島にある自然港）に移動して、そこにいる漁船をいくつかボートの上から確認した。そのほとんどがオキアミ漁船で、巨大な網で何百万という小さなピンクのオキアミをすくい取る。オキアミの数があまりに多いから、網を引き上げたときに漁船の船尾から流れ落ちる水がピンク色に染まっているのを、写真で見たことがある。オメガ3（訳注：EPAやDHAなどの多価不飽和脂肪酸の1つ。生活習慣病の予防効果があると言われている）のサプリメントや魚の餌を作るために、オキアミが殺されている。オキアミはとても重要な存在で、その生息地を守ることは、生態系全体を守ることにもなる。オキアミ漁を減らすのは、気候変動の影響の緩和にもつながる——オキアミは、本来は大気中に放出される大量の二酸化炭素を、固定して海中にとどめておく役割を持っているからだ。南極周辺の海域を管理しているのは南極の海洋生物資源の保存に関する委員会（CCAMLR）だけど、そこは今のところ、オキアミ漁の規制はしていない。公的な海洋保護区なのに。でもこの私たちのピンクの友達オキアミちゃんは、あまりにもたくさん乱獲されている。（気候変動のせいで）オキアミの生息地は失われているのに、オキアミを主食とするクジラの個体数が増えてることを考えると（それは良いことだけど！）、オキアミだけは生態系の一員とみなされず、ちゃんと保護されないというのはあまりにひどすぎる話だ。

オキアミ漁船は巨大だし、おまけに漁業者は冷凍船ってやつまで持ってきて、1つの漁船での収獲を、そのもっと大きな冷凍船に移して、できるだけたくさんの量を獲れるようにしている。私たちが見たときにも、漁船に冷凍船が連結されていた。多分収獲したオキアミを回収したところだったのだろう。巨大な氷河、素晴らしい岩山、そしてアデリーペンギンの営巣地に囲まれた、こんなに美しい湾で、そんなことが行われているなんて。私たちのボートを操縦していた乗組員の一人が、漁業者たちが海にゴミを捨てているのに気づいた。鳥が水に浮いた生ゴミをつつこうと群がっていた。別の乗組員は湾内を漂っていたプラスチックのパックを拾った。

湾を出るときには、ペンギンやアザラシ、氷山、クジラがいないかよく見張っていなきゃいけなかった。何か見つけるたびに叫んで指さして、ボートの操縦士が避けられるようにした——そのくらいたくさん生き物がいたんだ。この海は本当に、生命で満ちあふれている。

2018年3月22日　木曜日

遂に私がここに来た目的を果たすときがやってきた。

私は寝ぼけ眼で船の食堂に向かったけど、着いた頃には緊張感が高まっていた。ボートに乗るチームは、ウクライナの漁船が冷凍船と連結するのを止める段取りについて、簡単な指示を受けた。高速の小型ゴムボート（RHIB）を使って邪魔をするという計画だ。それから30分以内にはもうみんなボートに乗り込んで海に出て、写真を撮って、オキアミの移し換えの妨害をしていた。

漁船と冷凍船が連結されたのを確認したので、漁船によじ登る装備を全部チェックしていると、先に横断幕を掲げたほうがいいと指示された。準備がすべて整うと、それをボートに積んでまっすぐ漁船へ急行した。私たちが近づくと、20人ほどがデッキにいるのが見えた。船によじ登るロープを引っ掛けるために、棒とフックを使った。3回目でやっと1本目のロープがかかったけど、デッキの男たちはナイフを持っていて、誰かがロープに乗り移る前にロープを切ってしまった。ようやくロープが固定できると、サラが乗り移った。すぐにもう1本も引っかかり、ミーナが上がっていった。船との距離は10メートルの予定だったけど、結局20メートルぐらいになってしまったので、ロープを伸ばすために余っていた船用ロープを使った。なんとか2人と私たちのボートをロープでつなげることができ、2人は横断幕を引っ張って開いた。それは美しい光景だった。巨大な船、カラフルな横断幕、2人の小さなクライマー、そしてその背後に広がる堂々たる氷の壁と山々。あまりにも壮大で目を疑うほどの光景。その状態で20分ほどとどまり、その間に船に同乗していたメディアは写真を撮って、ドローンを飛ばした。時間がくると、2人は横断幕をつかんで素早くボートまで降りてきた。棒で2つのフックを外してつかんで、しっかり回収。

船に戻って、次の出発まで45分。ささっと食べて、私と仲間のロニはポッド（訳注：相手の船などに吊るして抗議運動家が中に居座り、相手の作業を妨害するためのカプセル状の部屋。食料や電力も備え、数人が1週間ほど住み込めるようになっている）の準備を整えた。まず、オキアミを引き入れる場所、漁船の船尾にロープをかける。私が先に上がって、別のロープを上から垂らし、それでチェーンブロック（重いものを吊り上げる大きな鎖）（訳注：鎖と滑車と歯車が一体になったもの）を引き上げる。ポッドを下に浮かべ、ロニがポッドの上に立ち、ポッドにチェーンを引っかけて、2人でポッドをできるだけ高く空中に吊り上げる。段取りはこんな感じだ。漁船に近づくと、デッキには誰もいないように見えた。でも見ていた人の話だと、1本目のロープを引っかけて私が登り始めて、「こっちは大丈夫」と言いかけたとき、フードをかぶった男が素早く私のロープをナイフで切ったみたいだ。ゴムボートに引き上げられるまでのわずか数秒の間だったけど、私は海に落ちて水の中にいた。ドライスーツのおかげで大丈夫だったとはいえ、ちょっとびっくりした。みんなは残ったロープを戻して、もう1回引っかけようとしたけど、ちょっと届かなかった。

私がゴムボートに戻ると、私たちはデッキの下から錨が突き出している船首のところまで急いでボートを回した。ロニは鎖によじ登って、ロープをかける支点をもう1つ準備した。私がポッドの上に飛び乗って、チェーンブロックの端をポッドに引っかけて引き上げようということになった。さっきは上手く行かなかったけど、このやり方なら占拠はうまくできそうだと思った。ゴムボートに横づけされたポッドに飛び乗ると、暴れ牛のように、うねりに合わせてポッドは上下に激しく揺れていた。なんとかして、ロニが下ろしたフックをポッドの上についているかけ金にかけることができた。ポッドの上は狭く、激しく動いている中でつかまっているのは簡単じゃなかった。

私はゆっくりポッドを引き上げ始めた。濡れてて冷たくて滑るチェーンをつかんで、右手、左手と順番に手を送って手繰り寄せた。私の両手はしびれて、感覚が戻ってくるとヒリヒリ痛み出したけど、ついにポッドが水面から浮き上がるまで引き上げることに成功した。一瞬立ち尽くした後、私たちはハイタッチして一息ついた。

ポッドには1週間近く滞在できる設備が整っていた。私たちはポッドの屋根の上に登って、20分ぐらいそこにとどまっていた。すると、ポッドの中にいるのは危険なほど波が高い海域に移動するぞと、漁業者が脅してきているという情報が入った。ポッドの高さまで波が来るから、安全ではないとのことだった。私たちは単なるハッタリだと思った。

本当に移動していると私たちが気づくまでに少しかかった。ゴムボートが私たちと離れないように動いているのを見て、初めて気づいたのだ。この時点で、できるだけ早く脱出する方法を考えなくてはいけなかった。といっても、海に飛び込んで拾ってもらうしかない。

水に飛び込む訓練は受けていたし、私は今日、1回海に落ちているから、大丈夫だとはわかっていた。別にやりたくはなかったけど。私はジャンプして、氷点下の水に飛び込み、浮き上がったところをボートの乗組員につかまれ、ボートに上げられて漁船から引き離された。1、2の3で、ロニはポッドを切り離した。ポッドはバッシャーンと爆音を立てて水面に落下し、しばらく上下に揺れた後、流れていった。すぐにロニが水に飛び込んだ。みんなでロニをつかんで漁船から引き離した。これでもう安全だ。ポッドは50メートルほど流されていって、漁船はそのまま進んでいった。私たちはボートで自分たちの船にすぐに戻されて、暖を取った。そしてボートはポットの回収に向かった。私たちは装備を脱ぐと、船のみんなと抱き合い、ビールで乾杯した。きっと私たちの抗議は効いたと思う。

オセアニア

オセアニア 人口：4200万人

気候変動がもたらす大きな課題

● より乾燥し、より暑くなる気候

2019年、オーストラリアでは観測史上最も厳しい森林火災シーズンとなり、ベルギーの2倍ほどの面積が火災で焼けた。雨の減少が、オーストラリアの森林火災が悪化する一因となっている。

● 海面上昇

地球全体では、海面は1年間に平均3ミリメートル上昇している。しかし西太平洋地域では、1990年代から海面は年間12ミリメートルも上昇しているのだ。海岸が浸食されたり、洪水で海水が流れ込んだりして農地が破壊されており、フィジーのようないくつかの国では、人が住めない状態になってしまった地域も見られる。

● 洪水

ニュージーランドの住民のおよそ3分の2が、洪水が起こりやすい地域に住んでいる。豪雨は今後さらに増えると予測されており、その数は4倍にまでなると言われている。洪水はすでにニュージーランドで一番よく起こる災害となっており、地震に次いで最も大きな損失を出す災害でもある。

※上記データについてはP.251参照

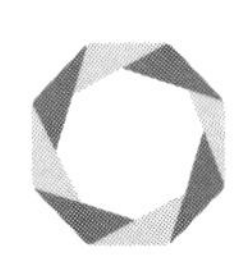

ルーデス・フェイス・アウフラ・パレフイア

18歳　ニュージーランド

ニュージーランドにいる私は太平洋諸島の住民とは言えないかもしれないけど、太平洋諸島の人たちとの強い繋がりを感じてるし、その人たちの経験や境遇を自分のことのようにも感じるの。私の家族の故郷が危険だと知ったことは、私の将来をどうするか、これから何を頑張るかっていう決断をするための道しるべになったわ。

元々は来年から大学に行く予定だったけど、ギャップイヤー（訳注：大学などへの進学が決まった後、入学を遅らせて、旅行、アルバイト、ボランティア、職業体験などを行うこと）をとって、この気候危機の中で真の変化を生み出すことができる草の根運動のグループと一緒に、もっと活動することにした。これは正しい決断だと思うし、これからやる自分の活動に誇りを持ってるわ。

私は自分の学校で、もっと持続可能な取り組みがなされるように働きかけてる。だって、変化を起こせる力を持ってる人なら誰でも、何か行動を起こすべきだって私は思うから。太平洋諸島の小さな国々が最大限に頑張ってるのに、それでも気候変動の被害に苦しんでるんだから、この考え方は特に大事だと思うわ。

私にとって特に貴重な思い出がある。それはサウスオークランド発祥の草の根運動のグループ4TKが、オークランド市の気候ストライキに来てくれたのを見たときのこと。暖かい「チーフー」のかけ声――ポリネシア流の挨拶よ――が通りの向こうから聞こえてきて、急ごしらえのステージの反対側へ走って行くと、私たちの仲間の太平洋諸島のすべての国の国旗がはためいてるのが見えた。

こういう光景はオークランドの中心部ではなかなか見られないわ。ポリネシア系住民の多くは、市外へ出て行っちゃったから。街の中心部、私が全力で活動してるその場所に、私の中に本来息づいてる、生き生きとした文化がやってきてくれたから、私の心は愛と誇りでいっぱいになった。ついにこの場所が、あるべき姿になったんだって。

＊

アオテアロア（マオリ語でのニュージーランドの呼び名よ）では、近隣の国のように残酷な火災が身に迫ってるわけでも、海面上昇に苦しめられてるわけでもないから、私たちはラッキーだわ。それでも、アオテアロアは、気候変動のせいで世界中の人たちの生活がリアルに脅かされてるとようやく気づき始めて、ネット・ゼロ（訳注：差し引きゼロという意味。二酸化炭素（CO2）などの温室効果ガス排出を実質ゼロ（森林などに吸収される分以下しか排出しない）にすること）の国へと変わるために、動き始めてる。

私たちの国の最初の一歩としては、ゼロ・カーボン法案（訳注：2050年までに温室効果ガスの排出を実質ゼロにすると定めたもの。2019年11月に議会で可決された）が作られたり、気候変動担当大臣のように議会に新しい役割が与えられたりした。けれどもそこで終わらないで、常にアップデートして、責任を果たす体制を作り続けなければ、私たちの沿岸部の集落は海面上昇に襲われちゃうし、農業（国の経済の多くを担ってる）は天候の変化で痛手を負うことになる。伝統的な生活様式も脅かされて、アオテアロアは変わり果ててしまうわ。

私は、教育カリキュラムにもっと環境教育とシティズンシップ教育（訳注：市民としての自覚や責任をもってコミュニティに関与していけるようになることを目指す教育）が組み込まれてほしいと思ってる。国に住む全員が、少なくとも今何が起こってるかに気づいて、そこからさらに、何ができるかを知るのは、とても大事。選挙で投票する人の数だって、決して十分とは言えないわ。ただ投票用紙を提出するだけなのに。何が起こってるかをちゃんと知る人が増えれば、行動したいってみんなもっと思うはず。それも中途半端じゃなくて、断固とした行動をしたいってね。あとは、自分の国の制度の仕組みとか、自分の投票が持つ意味とかについても、みんな知るべきだと思うわ。

「キア・カハ（Kia kaha）（訳注：マオリ語で〈強くあれ〉）」。強くあろう。うんざりすることも、苦しいこともあるのはわかる。仲間なんて誰もいないって感じちゃうときもあるよね。でも私は味方だから。人類は本当は、気候変動に気づいたときに行動するべきだった。それは逃しちゃったから、今行動するしかないんだよ。

自分が思ってるより、仲間はたくさんいるよ。

アレクサンダー・ホワイトブルック

25歳　オーストラリア

僕は水の安定供給を求めて運動をしています。オーストラリアの西部で育ったので、子どものときから水不足を意識していました。もっと幼いときには気づかなかったのですが、歯を磨いている間に水を出しっ放しにしないとか、タイマーを使って4分以上シャワーを浴びないようにするとか、そういう細かい心がけは、世界の中でも裕福で水が有り余っている国に住む大多数の人にとっては、普通ではないですよね。そう知ったとき、僕は心の底から衝撃を受けました。

僕たちが家で水を大切に扱っているのと同じように、世界中の人たちにも水を大切にしてほしいと思います。水の大切さを意識し始めてから何年か経って、上海に住んでいたときに、僕はサースト（Ｔｈｉｒｓｔ）（訳注：渇きという意味）という小さなＮＧＯでインターンをする機会がありました。そこで出会った仲間たちに影響を受けて、僕は水を保護する取り組みを自分のキャリアの中心にしようと考えました。

水は僕たちの日常生活に欠かせないものです。水ほど、多くのことに幅広く使われる資源はありません。なので国連も、「何よりもまず水を見れば、気候変動の影響を感じられるようになる」と断言しているくらいです。このような理由で僕は、気候変動対策を求める運動に参加した当初から、水を第1のテーマにして問題を提起し、解決を訴えてきました。水質汚染、干ばつ、洪水、予測不能な降雨、氷の融解、川の水量の変化、そして産業や農業における水の管理不足――こうした問題が今後、食の安全や政治の安定をますます脅かしていくでしょう。

＊

オーストラリアはこれから、気候変動の影響を多大に受けることになります。2019年夏には、史上最高の暑さを記録しました。2019年12月の最高気温の平均は、史上最高の40.89℃だったのです。気候変動をなんとかしようと、国内で多くの人々が行動を起こしているのに、気候変動対策を進めようという政府の意思はまだ足りません。

もし自分の国のことで何か1つ、すぐに変えられるとしたら、緑の党に政権に参加してもらいたいと思います。緑の党は1992年に結党して以来、ワン・イシュー（訳注：1つの政策課題のみを掲げること）の小さな政党から、バランスのとれた政策を掲げるオーストラリアで3番目に大きな政党へと成長しました。緑の党は気候危機を、他のどの政策課題よりも上位に置いていますが、まさにこの姿勢が、現在の環境破壊の路線から転換するために、オーストラリアに必要な考え方なのです。僕自身、緑の党の全部の政策と考えが同じではないと思いますが、緑の党が言うように、オーストラリアは気候変動対策を優先しなければなりません。

世界中の若者たちは、今後ますます増加する気候危機の過酷な被害を最も強く受けることになります。悲惨な事態を防ぐために、人類全体として何をしなければならないかを決める最高権力者がいるとすれば、それは僕たち自身なのです。僕たち若者の声が、気候変動に関する議論の中でいまだに単なるお飾りとしか見られていない現状を変えるために、僕たちはこれからも闘い続けなければなりません。

TOPIC

オーストラリアの砂漠

オーストラリアは人が住む陸地としては世界で最も乾燥している。その35％の場所ではほとんど雨が降らず、実質的に砂漠となっている。

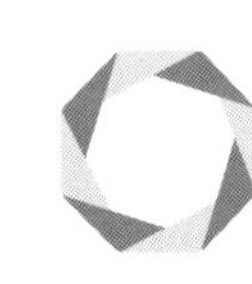

コマル・ナラヤン

27歳　フィジー

太平洋諸島の住民は毎日、気候変動が自分や、自分の地域の仲間の暮らしに影響を与えるのを目の当たりにしています。

現在、最も心配なことは、海面上昇です。私の国フィジーだけでなく、太平洋諸島のすべての国に、沈没の危険が迫っています。フィジーではこれまで、すでに沿岸部の3つの集落が海面上昇のために移転しなくてはならなくなりましたし、他にも40の集落がリスクの高い場所とされていて、将来、移転しなくてはならなくなるでしょう。

私たち若い世代による運動が、この気候変動に対する闘いにおける鍵となると、私にははっきりわかります。私はフィジーの若者主導の運動「未来の世代のための同盟」(The Alliance for Future Generations)の一員です。私たちは、気候変動の問題提起をし、解決策を探っていくにあたって、国レベル、地域レベル、国際的なレベルのどこでも、若い世代の意見が対等に扱われるように求めています。また、政策を地域の人たちにわかりやすい言葉で伝えたり、若者と大人で協力して清掃やマングローブの植林を行ったりといった活動もしています。

世界中の若者たちは、変化を生み出し、気候変動と闘うために能力をフル活用し、できることは何でもやろうとしています。しかし一番の課題は、リーダーたちや政策決定者たちをいかに動かせるかです。このままでは、若い世代が率いていくはずの未来そのものがなくなってしまうのではないかと、私は心配しています。

フィジーはすでに、急いで気候変動の対策をするようにと、声をあげています。フィジーの首脳はすでに世界の首脳陣に対して、真剣に取り組むようにと、積極的に訴えかけています。けれども、先進国がその歩みを速め、温室効果ガスを削減してくれなければ始まりません。フィジーは単独では自らを救うことができないのです。

言葉と行動を一致させ、闘わなければなりません。

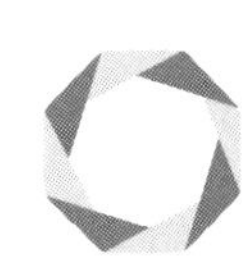

カイラシュ・クック

17歳　オーストラリア

僕は生まれてから10年間、タイのタイランド湾に浮かぶタオ島に住んでた。タオ島には美しいサンゴ礁があって、海辺の観光業で有名なところなんだ。僕はこのサンゴ礁の海でシュノーケリングをしたり泳いだりして、自然のさまざまな要素が織りなすサンゴ礁の豊かさ、美しさ、不思議さを体感できたよ。クマノミとイソギンチャクの共生とか、ソメワケベラとハタの協力関係だとか、そういう単純なことでも、僕の情熱は本当にかき立てられた。こんなにたくさんの種類の生き物たちが平和に暮らしてる生態系って、すごいものなんだなって思ったよ。

でも、気候変動の影響とか、人間の活動がサンゴ礁に危害を与えてることとかも、よくわかった。2010年には、白化現象（訳注：サンゴに共生している褐虫藻が失われ、サンゴの白い骨格が透けて見える現象。白化した状態が続くと、サンゴは共生藻からの光合成生産物を受け取ることができずに死滅してしまう）で過去最高の水温が記録され、僕と一緒に育ってきたサンゴ礁の多くが死んでしまったんだ。枝分かれしたサンゴが目の前いっぱいに広がってる景色を僕は覚えてる。サンゴの節々には美しい魚たちがいて、サンゴとともに生きるさまざまな生き物たちは見事だった。それが、2カ月ぐらいの間で全部なくなっちゃったんだ。残ったのは、小石と砂だけの、何もない海底だ。

その次の年、２０１１年には、タオ島は集中豪雨と洪水に見舞われて、海へ土砂が流出して、サンゴ礁回復の足かせになってしまった。こういう気象災害は僕が生まれてからずっと起こってたけど、季節外れになってきて、前と比べて威力も大きくなってる。こういう例は、僕たちの時代特有の問題のはっきりとした現れだよね。気候変動によって生き物が存在の危機におちいってるということが、現実の出来事だと知って、僕の人生は大きく変わった。それに僕は、愛する生態系を破壊するこういう気象災害の責任のいくらかは、自分にもあるんじゃないかとも感じたよ。

僕の運動は、すごく個人的な次元のものだ。気候変動の原因となってしまうような自分の行動を見つめ、直していくというもの。同時に、できるだけ多くの人に影響を与えて、後に続いてもらえるようになることも目指してる。自分が手本を示すってのが僕のやり方だ。みんなが自分の生活を変えようと思ってくれるような伝え方で、僕の意見やアイディアを発信するってこともね。これは自分の経験からきてるんだけど、怒りや恐怖より、希望や思いやりによって動かされる人を勇気づけたいんだ。

＊

若者が気候に関する運動をする上で一番大変な点は、若いからって理由でいろんな制限をかけられることかな。イベントに参加したり、施設を訪問したり、何かの活動をしたりするのが、年齢のせいで難しい場合がある。タイではそういう制限が厳しくなくて自由度が高かったから、最前線で、地元のサンゴ礁の回復のための活動を積極的にして、他の人に手本を示せたんだけどね。2015年にオーストラリアに来てからは、そういう活動に参加できる機会もだいぶ減っちゃったよ。

僕は今、クイーンズランド州のタウンズヴィルというところに住んでる。2016年と2017年は、近くのグレート・バリアリーフで2回続けて白化現象が起きて、素晴らしい生態系を織りなしてたサンゴ礁の多くが死滅してしまったんだ。一番ひどい被害を受けたのが、厳しく管理されてた北部のサンゴ礁だ。そこは人間の影響を一番受けてないはずなのに。まあみんながそう思ってただけかもしれないけど。

2019年には、集中的な熱帯暴風雨が来て、タウンズヴィルでは洪水になった。それで何千もの家が破壊され、被害額は何百万ドルにも及んだ。この地域で7年間干ばつが続いた後にこの洪水が来たってことを考えると、こういう極端な天気の異常さがいっそうよくわかるよね。もし気候変動がこのままの調子で続くなら、こういう異常気象がもっと増えていく中で、ただ我慢して生きていくしかないってことだ。

もしオーストラリアのことで何か1つ変えられるとしたら、気候変動は現実のものなんだから、止めるために行動を起こさなきゃいけないっていう意識をみんなに持ってもらいたい。同じ年に洪水と火災の被害に苦しんでる人たちが、いまだに気候変動はデマだって考えてるのを見るのは心が痛いよ。あと、僕の国は国際収支の収益のほとんどを化石燃料の輸出で得てるから、政治家たちは切迫し続ける気候変動の問題に手を打つのを拒んでる。オーストラリアが環境に優しいエネルギーと、持続可能性の分野で、世界のリーダーになれるように力を入れていこうよって思う。オーストラリアは手本になるべきだよ、そしたら世界中がついて来ると思うから。

僕たち全員が、2つのことをしなきゃいけない。1つ目は、自分にできることをやる。二酸化炭素の排出を減らすためにできることを、責任を持って必ずしなくちゃいけない。電気を使いすぎないとか、自転車や公共交通機関など、エネルギー効率のいい移動手段を利用するとか、生産の過程で多くの二酸化炭素が出るような食材を食事に使わないとかだ。2つ目は、人々に問題について知ってもらうように啓発する。そして気候変動の被害を減らすために何ができるかを示してあげるといい。持続可能な未来のための、変化の流れを作り出すには、僕たちみんなで一緒に取り組むしかないんだ。

TOPIC

地球温暖化とサンゴ礁

地球温暖化がプラス1.5℃にとどまれば、グレート・バリアリーフは生存できる。しかしプラス2℃になれば、世界中のサンゴ礁の99％が死滅してしまうだろうと、科学者たちは考えている。

他人に敬意をもって接することが、いつも一番効果的な対話の方法だ。

QUESTION

自分の国のリーダーたちに何を伝えたい?

私たちはみんな、自分たちの役割をしっかり果たしていかなきゃいけないわ。無事に次の時代へと進めるように導いてほしいし、何かするときには、みんなのことを心に留めてほしい。

ルーデス・フェイス・アウフラ・パレフイア

18歳、ニュージーランド

国民の関心は雇用とか経済の安定だけど、今すぐ気候変動対策をとらないと、長期的にはその2つもだめになってしまうよ。

フレイア・メイ・ミモザ・ブラウン

17歳、オーストラリア

先進国は太平洋諸国を搾取しています。私たちのリーダーは立ち上がって、こんなことはもうやめろと言うべきです。そして私たちの海と資源を守ってほしいです。

コマル・ナラヤン

27歳、フィジー

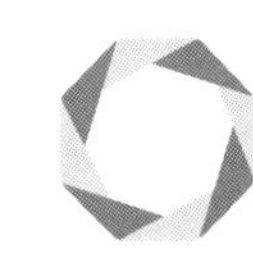

マデレーン・ケイティラニ・エルセステ・ラヴエマイ

22歳　トンガ

2018年2月、トンガを襲ったサイクロン・ジータは、この国最大の自然災害となりました。カテゴリー4から5の強さのサイクロンは、建物や家を破壊しました。その中には私の祖母の家もあったのです。

ジータのような自然災害、そしてそれが国に与えた被害の激しさを見て、これからもっとひどいサイクロンがたくさん来て、トンガの家族や地域にもっと大きな被害を与えるのではないかと感じました。それに、トンガのある田舎の村を車で通ったときに、海が道路の近くまで来ているのにも気づきました。海面は上昇し続け、人々の家や生計の手段を脅かし続けるでしょう。

太平洋諸島の人々の声は、もっと裕福で力のある国の運動家たちの影に隠れてしまっています。私たちには、運動を継続させてみんなに考えを理解してもらうための財力や手段のノウハウも足りていません。私が運動を始めたばかりの頃も、多くの運動家の仲間たちは身銭を切るか、家族からの資金援助に頼っていました。

若い世代、上の世代を問わず、運動家たちが声を発して広められるような場を、政府は提供するべきだと私は考えています。国のリーダーたちは草の根的なアプローチをもっと重要視するべきです。例えば興味のある人たちへ向けたワークショップを開きやすくしたり、プラスチックの利用を制限したり、人々の暮らしの持続可能性を高めてもらったりすることが求められているのです。２０１８年にヴァヌアツ政府は、使い捨てプラスチックを禁止するという大胆な決断をし、国全体から支持されました――トンガもそれに続くべきです。

政府は国民を置いてけぼりにしたままで気候変動対策の強化を主張してはいけないと思います。この気候危機の中では、ひとりひとりに果たすべき役割があります。国のリーダーたちの仕事とは、人々が自分の役割を果たせるようにすることなのです。

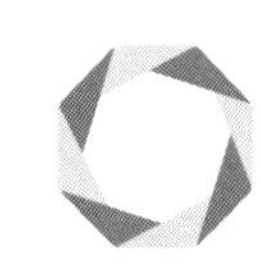

フレイア・メイ・ミモザ・ブラウン

17歳　オーストラリア

両親が運動を応援してくれるから、自分はとてもラッキーだって思うわ。両親は私の学びへの愛と環境を想う心、それに信じたもののために立ち上がる強さを伸ばしてくれた。私の環境保護運動に、本当にプラスの影響を与えてくれたわ。この1年間は、運動と、学校やスポーツ、それに家族や友達と過ごす時間のバランスをとるのが大変だったけど、両親はそのバランスを保てるように手助けしてくれた。

私はいつも環境をすごく気にかけてきた。そして成長とともに、私たちが直面してる危機の重大さについて、ますます多くのことを学ぶようになっていった。何年にもわたって私は、たくさんの抗議運動に参加してきたし、署名もいっぱいしたけど、もっと行動したいと思ったの。2019年の初めに、夏の気候リーダーシップ・プログラムのことを聞いた。それは若い人たちに環境保護運動の手引きをする2日間のキャンプだった。それに参加した後、私はメルボルンの気候のための学校ストライキ(School Strike 4 Climate)の運営に仲間入りしたわ。

オーストラリア・気候のための学校ストライキは運動の一環として、政府による気候変動対策を求めてる。私たちの要求はこの3つ。

1．アダニ社の炭鉱（訳注：オーストラリア、クイーンズランド州北東部に、インド系企業アダニグループが開発を計画している世界最大規模の炭鉱。グレート・バリアリーフに近いことや、先住民との交渉が難航していることなど、問題を多く抱えている）を含む新規の石炭、石油、ガス採掘の事業を行わないこと。

2．2030年までに再生可能エネルギーの利用・輸出の割合を100％にすること。

3．公正な形で再生可能エネルギーへの移行と雇用創出を行い、現在、化石燃料に依存しているすべての労働者や地域を守るために、公的資金を提供すること。

私が個人的に特に力を入れて目指すべきだと思ってるのが、環境に配慮した持続可能な経済と、公正な気候変動対策の実現よ。オーストラリアには先住民の人たちがいるから、これは特に大事なの。オーストラリアのことを何か1つ変えられるとしたら、先住民の人たちとの関係を良くしたいと思うわ。先住民の人たちこそ、真っ先に気候危機の最悪の被害を受けてしまうんだから。それに先住民の人たちは土地のことや、それをどうやって守っていくかについて、たくさんの経験や知識を持ってる。私たちはそこからいろいろ学べるはずよ。でも先住民のコミュニティがちゃんと認められたり、敬われたり、援助されたりすることはほとんどないに等しいわ。先住民の人たちと対話して、みんながどれだけ深いダメージを受けているかを知って、私はショックを受けて悲しくなったよ。

*

オーストラリアは干ばつや森林火災という形で気候変動の影響を受けて、田園地域や農村は壊滅的なダメージを負ってるわ。私たちの国は今、化石燃料産業に大きく依存してるから、そこで働いてる人たちは気候変動で自分たちの雇用が危なくなると思ってしまう。だから、公正な形での再生可能エネルギーへの移行がとても大事なの。

家族でキャンプに行ったときに、ある農家の人と話したことが、多分、一番強烈に私の記憶に残ってる。その人は、もし次の1週間で雨が降らなかったら、生きていく手段を失ってしまうと言ってたわ。それでその帰り道に、マレー・ダーリング川の流域を通ったけど、川はほとんど完全に干上がっちゃってた。都会に暮らしてると特に、苦しんでる個人と気候変動の問題全体を切り離して考えがちになる。だからこういう対話をすると、気候変動対策を求める運動はひとりひとりの人間を救うんだってことをしっかりと自覚できるんだ。

一番大事なのは希望を捨てないことだと思うわ。信じられないほど難しい課題と私たちは向き合ってるけど、決して乗り越えられない課題ではないの。希望を捨てずに頑張ろうよ。それが私たち自身で変化を起こすために必要なことだから。

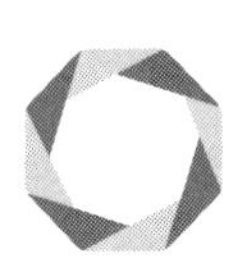

カーロン・ザクラス

19歳　マーシャル諸島

これは学生のカーロン・ザクラスが、2019年12月9日にスペインのマドリードで開催されたCOP25の会合で行ったスピーチである。

ヤッコエ（訳注：マーシャル語の挨拶）、マーシャル諸島からこんにちは。

僕がマドリードに来る前、ちょうど2週間前のことですが、マーシャル諸島では16フィート（訳注：約4．88メートル）の高潮があり、200人が避難しなくてはなりませんでした。海の氾濫だけではなく、僕らの国ではデング熱やインフルエンザが流行しています。隣国のサモアでは今、はしかと戦っているところですが、70人の命が奪われてしまい、そのうち30人が4歳未満の子どもでした。こういう病気はどれも気候変動とつながっていて、気候変動が進むと流行状況が悪化するものです。

もし僕らが島に住み続けたいのなら、海面が上がるのに合わせて家を高い場所に移さなくてはならないといわれています。代替策としては、島から出て行くしかありません。僕たちは自分たちのせいではない問題に対処する必要に迫られているのです。マーシャル諸島は、温室効果ガスの排出量で言うと世界の0．00001％分しか、気候変動の要因を作り出していないということを、ここでみなさんに確認させてください。僕の故郷は海抜わずか2メートルのところにあります。気候変動とともに、僕らのこの2メートル分の文化が失われてしまうかもしれないのです。僕らのマニット（訳注：マーシャル語で文化の意味）、ヤッコエ、ロロ（訳注：民話を題材にした伝統的な歌）、ビート（訳注：マーシャル諸島でクリスマスを祝う踊り）——2メートル分の僕らの言語、2メートル分の僕らの伝説が。

だから僕らは、青少年リーダー連合（Youth Leaders Coalition）を作りました。若い人たちが気候変動に適応していくための斬新なアイディアを思いつき、それを国のリーダーたちに紹介できる場です。学生グループによって作られた新しい防潮堤の案は実際、僕らの国のデイビッド・ポール環境大臣に関心を持ってもらえました。こういうことがあるので、若者がもっと物事の決定に参画するべきなのです。困ったときに、何か新しい解決法を探すのは当然です。その当然のことを僕ら若者はやっているだけなのです。

なぜ僕が今、この場にいるのか。それは若者たちの声とアイディアを届けるためです。気候変動に対する闘いを勝利で終わらせる世代の一員となるためです。マーシャル諸島が直面している未来のリアルな姿を伝えるためです。そして、僕らはこの2メートルを失いたくないんだということを、皆さんに伝えたいからです。

原注

アジア

P.16

バングラデシュの7人に1人：'Climate displacement in Bangladesh', Environmental Justice Foundation (2020), https://ejfoundation.org/reports/climate-displacement-in-bangladesh

６億４０００万人以上：International Monetary Fund, 'Boiling Point', Finance & Development, vol. 55, no. 3 (September 2018), https://www.imf.org/external/pubs/ft/fandd/2018/09/southeast-asia-climate-change-and-greenhouse-gas-emissions-prakash.htm

１９９８年から２０１２年の間：Ellen Gray, 'NASA finds drought in eastern Mediterranean worst of past 900 years', NASA (1 March 2016), https://www.nasa.gov/feature/goddard/2016/nasa-finds-drought-in-eastern-mediterranean-worst-of-past-900-years

10億人以上の人々：'Reducing the impacts of climate change', WWF – World Wide Fund for Nature(2020), https://wwf.panda.org/knowledge_hub/where_we_work/eastern_himalaya/solutions2/climate_change_solutions/

P.25

アラル海：Dene-Hern Chen, 'The country that brought a sea back to life', BBC Future (23 July 2018), https://www.bbc.com/future/article/20180719-how-kazakhstan-brought-the-aral-sea-back-to-life

P.30

2020年、アメリカは（中略）制裁を更新した：'Six charts that show how hard US sanctions have hit Iran', BBC News (9 December 2019), https://www.bbc.co.uk/news/world-middle-east-48119109

P.33

中国は温室効果ガスの最大の排出国：'China', Climate Action Tracker (2 December 2019) https://climateactiontracker.org/countries/china/

P.41

10万人もの早死：Leah Burrows, 'Smoke from 2015 Indonesian fires may have caused 100,000 premature deaths', Harvard John A. Paulson School of Engineering and Applied Sciences website (19 September 2016) https://www.seas.harvard.edu/news/2016/09/smoke-2015-indonesian-fires-may-have-caused-100000-premature-deaths

北アメリカ

P.52

カナダに隣接する北極海：'Canada warming twice as fast as the rest of the world, report says', BBC News (3 April 2019), https://www.bbc.co.uk/news/world-us-canada-47754189

北アメリカでは、すでに1億4000万人もの人が、大気汚染が危険なレベルに達した自治体で暮らしている：'Health effects of ozone and particle pollution', American Lung Association (23 March 2020), http://www.stateoftheair.org/health-risks/

カリブ海地域の主要な町のほとんどすべて：'Can you imagine a Caribbean minus its beaches? It's not science fiction, it's climate change', The World Bank (5 September 2014), https://www.worldbank.org/en/news/feature/2014/09/05/can-you-imagine-a-caribbean-minus-its-beaches-climate-change-sids

厳しい暑さの日：'The effects of climate change', NASA (16 March 2020), https://climate.nasa.gov/effects/

P.57

世界の海運の3%を担っている：'Climate change threatens the Panama Canal', The Economist (21 September 2019), https://www.economist.com/the-americas/2019/09/21/climate-change-threatens-the-panama-canal

パナマ政府の年間収入の10%以上：'Panama economic outlook', Focus Economics (17 March 2020), https://www.focus-economics.com/countries/panama

p.65

アメリカ合衆国には計7万マイル以上の（中略）パイプラインがある：Emily Moon, 'After the latest leak in South Dakota, how safe are America's pipelines?', Pacific Standard (24 November 2017), https://psmag.com/environment/how-safe-are-americas-pipelines

P.73

メティは（中略）3つの先住民族の1つだ：'National Indigenous Peoples Day...by the numbers', Statistics Canada (20 June 2018), https://www.statcan.gc.ca/eng/dai/smr08/2018/smr08_225_2018

南アメリカ

P.108

世界全体の森が（中略）4分の1は、アマゾンが吸収している：Josh Gabbatiss, ‘Amazon carbon sink could be “much less” due to lack of soil nutrients’, Carbon Brief: Clear on Climate (5 August 2019), https://www.carbonbrief.org/amazon-carbon-sink-could-be-much-less-due-to-lack-of-soil-nutrients

99%以上：Pool Aguilar León, ‘Climate change and health in South America’, Global Climate & Health Alliance (2018), http://climateandhealthalliance.org/resources/impacts/climate-change-and-health-in-south-america/

アンデス山脈の氷河の98%：Jonathan Moens, ‘Andes meltdown: new insights into rapidly retreating glaciers’, Yale Environment 360 (30 January 2020), https://e360.yale.edu/features/andes-meltdown-new-insights-into-rapidly-retreating-glaciers

P.114

30%近くも：‘Peruvian glaciers have shrunk by 30 percent since 2000’, Yale Environment 360 (7 October 2019), https://e360.yale.edu/digest/peruvian-glaciers-have-shrunk-by-30-percent-since-2000

P.116

パンタナル湿地帯：‘Brazil wildfires: Blaze advances across Pantanal wetlands’, BBC News (1 November 2019), https://www.bbc.co.uk/news/world-latin-america-50257684

ヨーロッパ

P.130

100倍にまで膨れ上がっている：Daisy Dunne, 'Climate change made Europe's 2019 record heatwave up to "100 times more likely" ', Carbon Brief: Clear on Climate (2 August 2019), https://www.carbonbrief.org/climate-change-made-europes-2019-record-heatwave-up-to-hundred-times-more-likely

干ばつと作物の不作：Anouch Missirian and Wolfram Schlenker, 'Asylum applications respond to temperature fluctuations', Science, vol. 358, no. 6370 (December 2017), pp. 1610–14, https://science.sciencemag.org/content/358/6370/1610

森林火災の件数：Alice Tidey, 'There have been three times more wildfires in the EU so far this year', Euronews (15 August 2019), https://www.euronews.com/2019/08/15/there-have-been-three-times-more-wildfires-in-the-eu-so-far-this-year

この面積は（中略）膨れ上がる可能性がある：Marco Turco et al., 'Exacerbated fires in Mediterranean Europe due to anthropogenic warming projected with non-stationary climate-fire models', Nature Communications, vol. 9, no. 3821 (2018), https://doi.org/10.1038/s41467-018-06358-z

激化する雨：'Infographic: How climate change is affecting Europe', European Parliament News (20 September 2018), https://www.europarl.europa.eu/news/en/headlines/society/20180905STO11945/infographic-how-climate-change-is-affecting-europe

P.144

アル・ゴアのドキュメンタリー映画：Steven Quiring, 'Science and Hollywood: a discussion of the scientific accuracy of An Inconvenient Truth', GeoJournal, vol. 70, no. 1–3 (September 2007), https://doi.org/10.1007/s10708-008-9128-x

P.146

干ばつ（中略）のような気候変動の被害：Anouch Missirian and Wolfram Schlenker, 'Asylum applications respond to temperature fluctuations', Science, vol. 358, no. 6370 (December 2017), pp. 1610–14, https://science.sciencemag.org/content/358/6370/1610

P.158

プラスチックは（中略）温室効果ガスの排出源となっている：Sandra Laville, 'Single-use plastics a serious climate change hazard, study warns', The Guardian (15 May 2019), https://www.theguardian.com/environment/2019/may/15/single-use-plastics-a-serious-climate-change-hazard-study-warns

アフリカ

P.162

チャド湖：Will Ross, 'Lake Chad: Can the vanishing lake be saved?', BBC News (31 March 2018), https://www.bbc.co.uk/news/world-africa-43500314

干ばつが増加：'Africa is particularly vulnerable to the expected impacts of global warming', United Nations Fact Sheet on Climate Change (2006), https://unfccc.int/files/press/backgrounders/application/pdf/factsheet_africa.pdf

浸食：'West Africa's coast losing over $3.8 billion a year to erosion, flooding and pollution', The World Bank (14

March 2019), https://www.worldbank.org/en/region/afr/publication/west-africas-coast-losing-over-38-billion-a-year-to-erosion-flooding-and-pollution

アフリカ大陸で(中略)記録されてる：Kiran Pandey, '195% more Africans affected due to extreme weather events in 2019', Down to Earth (26 December 2019), https://www.downtoearth.org.in/news/climate-change/195-more-africans-affected-due-to-extreme-weather-events-in-2019-68573

P.184

すべての住民：'Addressing climate change in Comoros and Sao Tome and Principe', United Nations Economic Commission for Africa (4 September 2014), https://www.uneca.org/stories/addressing-climate-change-comoros-and-sao-tome-and-principe

P.187

屋内の大気汚染：'Household air pollution and health', World Health Organization (8 May 2018), https://www.who.int/news-room/fact-sheets/detail/household-air-pollution-and-health

P.189

気候変動によって(中略)絶滅の危機に瀕している：'25% of Madagascar's species threatened by climate change', WWF – World Wide Fund for Nature (15 March 2018), https://wwf.panda.org/?325358/25-des-especes-de-Madagascar-menacees-dextinction-par-le-changement-climatique

P.197

ブルンジに住む人の10人中9人：Ministry of Foreign Affairs of the Netherlands, 'Climate change profile: Burundi', official report (April 2018), https://reliefweb.int/sites/reliefweb.int/files/resources/Burundi_1.pdf

南極

P.206

3倍の速さで気温が上昇：Louisa Casson, ‘What does climate change mean for the Antarctic?’, Greenpeace (blog dated 8 October 2018), https://www.greenpeace.org.uk/news/what-climate-change-means-for-the-antarctic/

南極の氷河は、減っていく速度に生成が追いつかなくなっており：Diana Madson, ‘Are Antarctica’s glaciers losing or gaining ice?’, Yale Climate Connections (8 August 2018), https://www.yaleclimateconnections.org/2018/08/are-antarcticas-glaciers-losing-or-gaining-ice/

コウテイペンギン：‘Whales, penguins and krill feel the heat in Antarctica’, WWF – World Wide Fund for Nature (21 October 2019), https://www.wwf.org.au/news/news/2019/whales-penguins-and-krill-feeling-the-heat-in-antarctica#gs.vmxxvr

オキアミ：Institute for Marine and Antarctic Studies, ‘More than just whale food: krill’s influence on carbon dioxide and global climate’, Science X (18 October 2019), https://phys.org/news/2019-10-whale-food-krill-carbon-dioxide.html

魚の乱獲：‘Overfishing’, Discovering Antarctica, https://discoveringantarctica.org.uk/challenges/sustainability/overfishing/

オセアニア

P.218

２０１９年：'Media reaction: Australia's bushfires and climate change', Carbon brief: Clear on Climate (7 January 2020), https://www.carbonbrief.org/media-reaction-australias-bushfires-and-climate-change

西太平洋地域［の海面］：Alice Klein, 'Eight low-lying Pacific islands swallowed whole by rising seas', New Scientist daily newsletter (7 September 2017), https://www.newscientist.com/article/2146594-eight-low-lying-pacific-islands-swallowed-whole-by-rising-seas/

海岸が浸食されたり：'How Fiji is affected by climate change', COP23 Presidency website, https://cop23.com.fj/fiji-and-the-pacific/how-fiji-is-affected-by-climate-change/

ニュージーランドの住民のおよそ3分の2：'Flooding', Climate Change Implications for New Zealand key risks, Royal Society of New Zealand / Te Apārangi, https://www.royalsociety.org.nz/what-we-do/our-expert-advice/all-expert-advice-papers/climate-change-implications-for-new-zealand/key-risks/flooding/

P.224

人が住む陸地としては世界で最も乾燥している：'Deserts', Geoscience Australia (2020), https://www.ga.gov.au/scientific-topics/national-location-information/landforms/deserts

P.229

地球温暖化が（中略）とどまれば：National Oceanic and Atmospheric Administration (NOAA), US Department of Commerce, 'Four-month coral bleaching outlook', Coral Reef Watch, https://coralreefwatch.noaa.gov/satellite/bleachingoutlook_cfs/outlook_cfs.php

気候変動をより知るための資料

ある意味、気候変動はシンプルな現象である。化石燃料を燃やすと大気中の温室効果ガスが増え、地球の平均気温の上昇につながる、それだけだからだ。けれども、気温が上がったときに何が起こるか、簡単に予測できるとは限らない。

同じように、気候変動対策それ自体は単純なことだ。大気中に排出される温室効果ガスを減らせばいい。しかし、私たちの生活はあまりにも化石燃料に依存しているため、脱却は一筋縄ではいかないのである。

参考のために、気候変動の科学、気候変動問題に取り組むチャリティ団体、カーボン・オフセット（訳注：植林活動や森林保護活動を行うか、そういった活動を支援するために排出権を買うことで、人間の生活などを通じて排出された温室効果ガスを相殺する取り組み）の一環で排出権を販売する団体、そして変化を求めて頑張っている運動家グループの代表的なものを紹介する。

※すべて英語サイト

科学

NASA's Global Climate Change : www.climate.nasa.gov

Climate Central : www.climatecentral.org

Intergovernmental Panel on Climate Change（気候変動に関する政府間パネル）: www.ipcc.ch

チャリティ団体

Coalition for Rainforest Nations : www.rainforestcoalition.org
Ocean Conservancy : www.oceanconcervancy.org
Project Drawdown : www.drawdown.org

カーボン・オフセット

United Nation's carbon offset platform : offset.climateneutralnow.org
Cool Effect : www.cooleffect.org
Gold Standard : www.goldstandard.org

運動グループ

Fridays For Future : www.fridaysforfuture.org
350.org : www.350.org
Extinction Rebellion : www.rebellion.global/

この本について

世界は英雄を尊敬し、褒めたたえる。けれども、注目される数人の英雄の陰には、もっとたくさんの隠れた英雄たちがいる。そのことを書いたエッセイを、私は自分がシニア・レポーターとして気候変動の取材を担当していたウェブメディア『クォーツ（Quartz）』に、2019年9月に発表した。それが、この本のきっかけだった。ジョン・マレー出版の編集者ジョージーナ・レイコックが、この隠れた英雄たちに光を当ててほしいと頼んでくれた。

そうして完成したのがこの本だ。できるだけ多様な出身地、背景、経験を持つ若い環境運動家たちの声を、できるだけたくさん収録しようという目標を掲げ、本書の企画はスタートした。ジョン・マレー出版の編集補佐アビゲイル・スクルービーの協力で、100以上の国の200人近くの運動家たちをリストアップし、寄稿の依頼を行った。

インスタグラム世代の運動家たちは見事、期待を裏切らなかった。私たちは予想していたよりもたくさんの返事をすぐにもらったのだ。この本の英雄たちはみんな同じ理想のために闘っている。しかし読者に知ってもらいたいのは、気候変動が世界に引き起こしている不正義に対してなぜ抗議するのか、その理由は人によって異なり、多様な考えがあるということだ。多様性の中での団結、これがまさに、この運動に強さと勢いを与える原動力になっているのである。

アクシャート・ラーティ

謝辞

この本は、たくさんの人の尽力なくしては世に出ることはありませんでした。ジョージーナ・レイコックが案を出してくれ、実現に向けてサポートしてくれました。アビゲイル・スクルービーは本書の担当編集を務めてくれ、複雑なジグソーパズルを組み立てるような作業の中でどんな些細な問題が現れても、解決のための助けになってくれました。私のエージェント、ジョナサン・コンウェイは、出版に至る過程で、さまざまな厄介な問題を乗り越えるのを手伝ってくれました。そして妻のディークシャは、長い間休みなく作業をするエネルギーを私に与えてくれました。

しかし何よりも、この本を通じてその声をもっとたくさんの人に広めるのを許可してくれた、若い運動家たちと保護者の方たちにお礼を申し上げたいです。以下に、原稿を提出してくれたすべての人の名前を挙げさせていただきます。中には本書に収録することができなかった原稿もありますが、ありがたく思っています。

アディティア・ムカルジ
アドリアン・トート
アギム・マズレク
トミタ・アカリ
アルベルト・バランテス・セシリアーノ
アルブレヒト・アーサー・N・アレヴァーロ
アレクサンダー・ホワイトブルック
アレクサンドロス・ニコラーオ
アンナ・テイラー
アニヤ・サストゥリー
アルパン・パテル
アシュリー・トーレス
アヤーカ・メリタファ
ボバカ・マハマド・マイガ

ブランドン・グエン
ブリシュティ・チャンダ
カーロン・ザクラス
カタリーナ・ロレンゾ
セシーリア・ラ・ローズ
キアラ・サッチ
コム・ギルシ
クリケット・ゲスト
ダニエラ・トーレス・ペレス
デルファン・カーゼ
ディランゲズ・アジツママドヴァ
エライジャ・マッケンジー＝ジャクソン
エリザベス・ワンジル・ワトゥティ
エマ＝ジェーン・ビュリアン
エマヌエル・ロビージョ・ジョスト・エカ
エヴァ・アストリッド・ジョーンズ
エヤル・ウェイントラウブ
フェデリーカ・ガスバッロ
フレイア・メイ・ミモザ・ブラウン
ヒルベルト・シリル・モリショー

ホリー・ジリブランド
ハウェイ・オウ
テット・ミエット・ミン・トゥン
イマン・ドーリ
イリナ・ポネデルニク
ジェイミー・マーゴリン
ジェレミー・ラーゲン
ヤシン・ツァオ
ジョアン・エンリケ・アルヴィス・セルケイラ
ジョン・ポール・ジョゼ
フアン・ホセ・マルティン＝ブラヴォ
カイラシュ・クック
カルキ・ポール・ムトゥク
カレル・リスベス・ミランダ・メンドーサ
カディージャ・アッシャー
コク・クルチェ
コマル・ナラヤン
ローラ・ロック
ルセイン・マテンゲ・ムトゥンキ
リア・ハレル

リリス・エレクトラ・プラット
リヤーナ・ヤミン
ルーデス・フェイス・アウフラ・パレフィア
ルーシー・スモルコヴァ
マッケンジー・フェルドマン
マデレーン・ケイティラニ・エルセステ・ラヴェマイ
マーヤ・スタロスタ
マレーカ・ドゥーキー
マルヤム・カルーシ
ナディーン・クロプトン
ナスリーン・サイード
ンチェ・タラ・アガンウィ
ネイ・マリー・エイダ・ンディエゲン
ニジャート・エルダロフ
オクタヴィア・シェイ・ムニョーズ＝バルトン
ペイトン・ミッチェル
ピエール・ガルシア
プラミシャ・タパリヤ
ライナ・イヴァノヴァ
ラズレン・ジュベリ

リカルド・アンドレス・ピネダ・グツマン
リマンティ・バルスィウナイテ
ルビー・サンプソン
サンティアゴ・アルダナ
セベネル・ロドニー・カーヴァル
シャノン・リサ
スタマティス・プサルダキス
タファズワ・チャンド
タチヤナ・シン
テレーザ・ローズ・セバスチャン
トワウィア・アサン
ツィリ・ナンテナイナ・ランドリアナヴェロ
ヴァニア・サントーソ
ヴィシュヌ・P・R
ヴィヴィアンヌ・ロック
ゾーイ・バックリー・レノックス

寄稿者紹介

アディティア・ムカルジ（16歳）

インドの学生。２０１８年初頭に、使い捨てプラスチックに反対するキャンペーンを始める。その#ＲｅｆｕｓｅＩｆＹｏｕＣａｎｎｏｔＲｅｕｓｅ（リフューズ・イフ・ユー・キャンノット・リユース：再利用できないものは利用しない）キャンペーンが開始して以来、２６００万本のストローと数百万の他の使い捨てプラスチック製品が、飲食業界において使用されずに済んだ。２０１９年には、国連ユース気候サミット（UN Youth Climate Summit）に招待されて参加した。Twitter：@AdityaMukarji

テット・ミエット・ミン・トゥン（18歳）

ミャンマーのヤンゴン出身。ミャンマー戦略・国際関係研究所（Myanmar Institute of Strategic and International Studies）で活動している。学校では、環境保護プロジェクトを主導し、気候変動についての意識を市民に高めてもらうために地域社会と連携していた。２０１９年には国連ユース気候サミット（UN Youth Climate Summit）に招待され参加した。ウェブサイト：htetmyetmintun.com／LinkedIn：/htet-myet-min-tun-728108185

タチヤナ・シン（26歳）

ウズベキスタン、アラル海近くのホレズム地域出身。最近、修士号を取得。環境意識を高める活動をしており、以前はユネスコのタシケント事務所ならびに地球環境ファシリティ（Global Environment Facility）（訳注：国や地域、ならびに地球規模の環境問題解決のためのプロジェクトを支援する資金メカニズム）の小規模融資プログラムの事業にて活動していた。

イマン・ドーリ（28歳）

イラン出身の環境エンジニア。持続可能な発展を主なテーマに活動している。アミルカビル工科大学で土木環境工学の修士号を取得し、大学のサステナビリティ・オフィスに勤務している。Instagram：@imandorri／LinkedIn：/iman-dorri-714844135/

ハウェイ・オウ（17歳）

ヴィーガンの反気候変動運動家。中国で気候変動対策を訴えている。#ＰｌａｎｔＦｏｒＳｕｒｖｉｖａｌ（プラント・フォー・サバイバル：生き残るために木を植えよう）運動の創始者。単独で中国国内を回り、政府の庁舎前で抗議したり気候・環境ＮＧＯを訪問したりといった活動を金銭的支援なしにしてきた。Twitter：@Howey_Ou

テレーザ・ローズ・セバスチャン（16歳）

アイルランド在住の学生。国を挙げての気候変動対策を求めるいくつかの抗議運動を組織している。会議やストライキに積極的に参加して発言し、グローバル・サウス（訳注：南側の発展途上国）の人々の声を届けるために力を注いでいる。

ナスリーン・サイード（27歳）

アフガニスタン出身、アメリカを拠点に活動する環境の専門家。ローカル・ガバメント・コミッション（Local Government Commission）（訳注：カリフォルニアのＮＰＯ団体。地域環境の持続可能性強化や気候変動問題などに取り組む）のメンバーとして、持続可能な事業や戦略の導入を通して地域社会が活力を得られるようになる体制作りを行う。インペリアル・カレッジ・ロンドンにて環境工学の修士号を取得。Facebook：/Nasreen.sayed.1460／Instagram：@nassayed

リヤーナ・ヤミン（27歳）

国立台湾海洋大学の博士課程に在籍。気候変動政策に取り組むマレーシア唯一の若者主導の組織、マレーシア・ユース代表団にて積極的に活動する。

アルブレヒト・アーサー・N・アレヴァーロ（26歳）

ＮＧＯや信仰による社会奉仕団体や政府とともに活動するフィリピンの若きリーダー。国連の持続可能な開発目標を推進しており、地域に根ざしてコミュニティと協力して行う活動の必要性を強く感じている。Facebook：/Albrecht.arevalo／Instagram：@brexarevalo

トミタ・アカリ（16歳）

アメリカ合衆国在住の学生。気候変動対策とゼロ・ウェイストを目指すにあたり、若者の積極的参加を呼びかけている。学校の環境クラブのメンバーであり、国連の持続可能性報告会ではパネラーを務めた。

セシーリア・ラ・ローズ（16歳）

カナダの学生。抗議運動に参加したり、運営したり、地域の政治家たちと気候変動について話し合ったりする活動のほか、最近では原告団の一員として、対策を行わずに気候変動に加担しているとしてカナダの連邦政府を提訴した。

カレル・リスベス・ミランダ・メンドーサ（27歳）

パナマの生物学者、若者運動のリーダー、反気候変動運動家。パナマ反気候変動ユース（Youth Network Against Climate Change in Panama）の創立メンバーであり、現在はその理事会の副代表を務めている。Instagram：@karelssy／Twitter：@karell_lissy

エマ＝ジェーン・ビュリアン（18歳）

ヴィクトリア・コミュニティ・リーダーシップ・アワード（Victoria Community Leadership Award）２０２０年の受賞者。12年生（訳注：日本の高校3年に当たる）の学生で、気候運動家。国際ストライキや毎月のストライキを「私たちの地球、私たちの未来」（Our Earth, Our Future）という団体で運営し、レクウンゲンとウセニッチ（訳注：いずれもブリティッシュ コロンビア州に住む先住民族）の美しい故郷、ブリティッシュ コロンビア州のヴィクトリアで活動している。公正な気候変動対策の実現と、若者の政治参加に特に力を入れ、世界をより良くするために柔軟で危機に強い地域社会作りを目指している。Instagram：@emmajanevictoria ／ Twitter：@EJburian

アニヤ・サストゥリー（18歳）

イリノイ州出身の学生。運動の重点は、政治家が化石燃料業界から献金を受け取るのをやめさせること、新規の化石燃料関連事業に反対すること、グリーン・ニューディールを取り入れた法案を議会に通すことである。全米ユース気候ストライキ（US Youth Climate Strike）と共同で、地域や国全体での気候ストライキを組織している。国連ユース気候サミット（UN Youth Climate Summit）にも招かれた。

リカルド・アンドレス・ピネダ・グツマン（22歳）

ホンジュラス出身。持続可能な発展を提唱しており、脱炭素化の闘士でもある。政府当局と協力し、気候変動対策を包括的なグリーン・ファイナンス（訳注：環境問題の解決に投資するための資金提供）と組み合わせて、世界で最も気候変動に弱い国だと思われるホンジュラスにおいて、気候変動を抑えると同時に経済成長と発展の機会がもたらされることを目指している。Instagram：@ricardopinedal ／ LinkedIn：／ricardopinedaguzman

クリケット・ゲスト（22歳）

映像制作者、女優、運動家。カナダ気候ストライキの事務局で活動し、トロントの〈未来のための金曜日（フライデーズ・フォー・フューチャー）〉事務局では先住民に関するアウトリーチ・コーディネーターを務める。気候変動に関する議論の中で、先住民の声がもっと重要視されるように尽力している。

リア・ハレル（19歳）

地域、州、国、すべてのレベルで、気候変動対策の政策立案を提唱し、その作成の支援に携わった。現在はカリフォルニアのクレアモント・マッケナ大学の学部生で、環境学、経済学、政治学を専攻している。Instagram：@lia_harel ／ Facebook：／liaharel.7

シャノン・リサ（22歳）

ニュージャージー州出身の〝毒物探偵〟。化学的に汚染された廃棄物がインディアナ州やその他の場所の地域社会に与える影響を調査しているＮＰＯ法人、エディソン・ウェットランド・アソシエーション（Edison Wetlands Association）でプログラム・ディレクターを務める。２０１９年には、ブラウアー・ユース環境アワード（Brower Youth Award）の６人の受賞者のうちの１人に選出された。

カディージャ・アッシャー（26歳）

京都大学大学院エネルギー科学研究科、エネルギー社会・環境科学専攻で研究員を務める。研究では、小国の経済における持続可能なエネルギーへの移行に焦点を当てている。ベリーズのエネルギー計画及び戦略２０３５のような、出身国の国家プロジェクトの先頭に立った活動もしている。

ブランドン・グエン（20歳）

トロント育ちの環境運動家。現在はペンシルベニア大学ウォートン・スクールの学部で勉強している。特にクライメート・ファイナンス（訳注：気候変動の解決に投資するための資金提供）、都市の持続可能性ならびに再生可能エネルギー政策に関心を持っている。Facebook：/brandon.bn ／ Instagram：@brandon.nguyen1999

ヴィヴィアンヌ・ロック（22歳）

ハイチで薬学を学ぶ大学３年生。主に若い女性や少女たちが中心になり、気候変動対策と公衆衛生への取り組みを統合する活動をしている組織、プルリエレ（Ｐｌｕｒｉｅｌｌｅｓ）の創始者。

オクタヴィア・シェイ・ムニョーズ＝バルトン（16歳）

学生。「私たちの海の継承者」（Heirs to Our Oceans）のメンバー。この団体はグローバルな若いリーダーを育てる機関であり、海や河川の保全と公正な環境保護のために活動し、パワフルで共感的なリーダーによる世界規模の運動を作り出している。団体ウェブサイト：h2oo.org

ペイトン・ミッチェル（21歳）

学生、気候運動家。カナダ気候ストライキ（Climate Strike Canada）の立ち上げに加わったほか、エマ・リムが始めたノー・フューチャー・ノー・チルドレン宣言（#ＮｏＦｕｔｕｒｅＮｏＣｈｉｌｄｒｅｎ）（訳注：将来の子どもたちが安心して暮らせるようにするための対策を政府がとらないなら子どもを持たないという宣言）の賛同者でもある。現在はケベック学生連合（the Quebec student coalition, ＣＥＶＥＳ）の一員で、ケベック外部の学生にも運動の輪に加わるように勧誘活動を行っている。

アシュリー・トーレス（23歳）

学生、ケベックの学生による環境保護運動の代表を務める。化石燃料事業に反対し、環境と先住民コミュニティに対する公正を求めている。

エヤル・ウェイントラウブ（20歳）

アルゼンチン出身の学生。「気候のために立ち上がるアルゼンチンの若者たち」（Jóvenes por el Clima Argentina：JOCA）の創立メンバーの1人。この団体はアルゼンチンで最も大きな、気候変動対策を求める若者グループとなった。

ダニエラ・トーレス・ペレス（18歳）

イギリス学生気候ネットワーク（UK Student Climate Network：UKSCN）の創立メンバーの1人。2019年には、書いた文章が書籍『Letters to the Earth: Writing to a Planet in Crisis（地球への手紙：危機に瀕したこの星に寄せて）』に収録された。

カタリーナ・ロレンゾ（13歳）

ブラジル、サルバドル出身の学生。他の15人の子どもたちと一緒に、政府が気候変動対策を怠っていることを国連・子どもの権利委員会に告発した。

ファン・ホセ・マルティン＝ブラヴォ（24歳）

チリの環境保護論者。持続可能性とアントレプレナーシップに身を捧げている。環境NGOセヴェルデ（Cverde）の創立メンバーで、リーダー。宇宙工学を専攻する傍ら、COP25でチリ初の若い世代の交渉人に選ばれたほか、気候変動枠組条約（UNFCCC）傘下の国際会議である第15回グローバル・ユース会議（Global Conference of Youth：COY15）では総合責任者に指名された。Instagram：@juanjo.martinb／Twitter：@JuanjoMartinb

ジョアン・エンリケ・アルヴィス・セルケイラ（27歳）

ブラジルの大学の学部で環境工学を学んでいる。クリティバ気候連合（Critiba climate coalition）を立ち上げ、自転車で旅をして、気候危機と最前線で闘う人たち、とりわけ伝統的な先住民のコミュニティの人たちに話を聞きに行くプロジェクトを行っている。Instagram：@joaohencer

ヒルベルト・シリル・モリショー（25歳）

キュラソー出身。現在はオランダで大学院の修士課程に在学している。2019年には、オランダ農業省のために、オランダ領カリブの食の安全に関するシンクタンクを立ち上げた。アフリカ・カリブ・太平洋・ヤング・プロフェッショナル・ネットワーク（African Caribbean Pacific Young Professionals Network）で大使も務め、不平等と闘っている。

ホリー・ジリブランド（15歳）

スコットランドの学生。リワイルディングを推進する団体「OneKind」でボランティア活動を行うほか、スコットランド・ザ・ビッグ・ピクチャー（Scotland: The Big Picture）で少年少女広報大使を務める。Twitter：@HollyWildChild

スタマティス・プサルダキス（22歳）

ギリシャ出身の大学生。分野を超えた性的少数者ＬＧＢＴＱＩＡ＋の平等と環境意識の向上を目指す運動や、外国人排斥に反対する運動に力を入れている。気候変動と闘うＥＵ若き市民の討論会（EU Young Citizens Dialogue on the Fighting Climate Change Panel）に招待されたほか、２０１９年の国連ユース気候サミット（UN Youth Climate Summit）にも参加した。

リリス・エレクトラ・プラット（11歳）

国際的な環境の闘士。プラスチック汚染と闘う１００人のインフルエンサーの１人に選ばれている。反プラスチック汚染連合（Plastic Pollution Coalition）、ユース・ムンドゥス（Ｙｏｕｔｈ Ｍｕｎｄｕｓ）（訳注：世界の問題についてのメッセージを若者に伝える音楽・芸術フェス）、ＷＯＤＩ（イタリア・世界海洋デー）の少年少女広報大使を務める。ソーシャルメディアを駆使し、プラスチック汚染や気候変動などの問題について発信している。Instagram：@lillys_plastic_pickup／Twitter：@lillyspickup

アンナ・テイラー（19歳）

イギリスで公正な気候変動対策を求めて運動している。17歳のときに、イギリス学生気候ネットワーク（ＵＫＳＣＮ）を立ち上げた。この組織では、〈未来のための金曜日（フライデーズ・フォー・フューチャー）〉の一環として行われるイギリスやヨーロッパ諸国でのストライキを運営したり、政府に気候非常事態宣言を出すように圧力をかけたり、気候危機の中で心の健康を保つのをサポートする活動などを行っている。Instagram：@anna.e.taylor／Twitter：@AnnaUKSCN

ライナ・イヴァノヴァ（15歳）

ドイツの学生。各国政府が気候変動対策を怠っていることを国連・子どもの権利委員会に告発した16人の子どもたちの１人である。

フェデリーカ・ガスバッロ（25歳）

イタリアの反気候変動運動家、著述家。ローマ・トル・ヴェルガータ大学で生物科学を学んでいる。２０１９年の国連ユース気候サミット（UN Youth Climate Summit）にイタリア代表として参加した。Facebook：/Federicagasbarro／Instagram：@federica_gasbarro

ローラ・ロック（18歳）

イギリス系ハンガリー人の学生。現在はオックスフォードにて国際バカロレア課程で学んでいる。いくつかの学校ストライキに参加して、世界の気候危機を議論する場における先住民と若者の重要な役割に強い関心を持つようになる。国際連合憲法研究センター（Centre for United Nations Constitutional Research）やワン・キャンペーン（ONE Campaign）（訳注：アメリカを拠点とした貧困救助のためのNPO）の少年少女広報大使を務めている。Instagram：@laura.lock

アギム・マズレク（23歳）

コソボ出身。現在は気候科学・政策を修士課程で学んでいる。再生可能でクリーンなエネルギー源への公正で抜本的な転換を求めて運動している。LinkedIn：/agimmazreku

アドリアン・トート（30歳）

ブリュッセルのプラスチック・フリー・プルックス（Plastic Free Plux）の共同創立者。この団体ではブリュッセルで使い捨てプラスチック製品の全廃を目指している。Instagram：@plasticfreeplux／Twitter：@plasticfreeplux

カルキ・ポール・ムトゥク（27歳）

ケニアを拠点に気候変動対策と環境保護の運動をしている。ナイロビ大学で環境保護と自然資源管理を専攻した。以前は気候変動対策を求めるアフリカのユース・イニシアチブ（African Youth Initiative on Climate Change：AYICC）、350.org、ア・ロチャ・ケニア（A Rocha Kenya）（訳注：キリスト教精神に基づいた環境保護団体）で活動していた。今はユース・フォー・ネイチャー（Youth4Nature）で、国連のアフリカ地域グループのための地域コーディネーターを務めている。これは気候変動対策に自然に基づいた解決法の導入を推進する、若者による若者のための国際的な組織である。Facebook：/PrincePaulh／Twitter：@KalukiPaul

ンチェ・タラ・アガンウィ（25歳）

科学外交官、持続可能な発展を目指す運動家。政治についての知識も深い。アフリカ科学外交政策ネットワーク（Africa Science Diplomacy and Poicy Network：ASDPN）の創立者兼常任理事。カメルーン国際関係研究所（IRIC）にて国際協力、人道的活動および持続可能な発展の研究で修士号を取得している。Facebook：/ASDPN.INTERNATIONAL LinkedIn：linkedin.com/company/africa-science-diplomacy-and-policy-network-asdpn

セベネル・ロドニー・カーヴァル（30歳）

エスワティニの観光・環境省でクライメート・ファイナンス事業の責任者を務めている。エネルギー工学の学位を持ち、再生可能エネルギーの分野での経験がある。Facebook：/rodney.carval／Instagram：@rodneycarval

ジェレミー・ラーゲン（26歳）

セーシェル諸島基金（Seychelles Islands Foundation）プロジェクト担当者。環境地理学および国際関係学の分野の社会学士、ケープタウン大学にて国際関係学の優等学位を取得。国際環境ＮＧＯサスティナブル・オーシャン・アライアンス（Sustainable Ocean Alliance）のヤング・オーシャン・リーダー、グローバル・シェイパーズ（Global Shapers）（訳注：世界経済フォーラム〈ダボス会議〉が選出する、次世代の若きリーダーで形成されたコミュニティ）のヴィクトリア・ハブ（支部）の一員であり、グローバル・シェイパーズの気候・環境委員会で東アフリカ地域の代表も務める。Instagram：@turtlecommuter／Twitter：@mahesituated

ルセイン・マテンゲ・ムトゥンキ（16歳）

ケニアの学生。サッカーを通して気候危機への意識を高め、森林伐採と闘う取り組みをする団体、ツリーズ・フォー・ゴールズ（Trees for Goals）を設立した。Instagram：@trees4goals／Twitter：@trees4goals

トワウィア・アサン（21歳）

生物学を専攻する学生。インド洋気候ネットワーク（Indian Ocean Climate Network）のメンバー。環境に配慮した企業経営と、持続可能な農業の推進に力を入れて運動している。

コク・クルチェ（28歳）

バイオガスを導入するジョニー・グループ（Jony Group）の代表。トーゴの環境運動家で、エネルギーの移行が専門である。Facebook：/jano.klutse／Instagram：@casimirklutse

ツィリ・ナンテナイナ・ランドリアナヴェロ（28歳）

マダガスカル出身の反気候変動運動家。若者と気候の運動に力を入れるＮＧＯ、ムーブ・アップ・マダガスカル（Move Up Madagascar）の創立者。経営学修士を持つ、市民団体の運営とプロジェクト管理のスペシャリスト。２０１９年の国連ユース気候サミット（UN Youth Climate Summit）にマダガスカルの若者代表として参加した。Facebook：/tsirynantenaina.randrianavelo／Twitter：@tsr135

ルビー・サンプソン（19歳）

南アフリカの反気候変動運動家で、アフリカの若者が中心になって運営する団体、アフリカ気候連合（African Climate Alliance）の共同創立者。アフリカをトラックで旅して回っているときに気候変動の大変な影響を目撃した（そのときの記録はafricaclockwise.wordpress.comにある）。それ以来、気候変動の教育、ならびにアフリカでの反気候変動運動家のネットワーク作りに力を入れている。ウェブサイト：africanclimatealliance.org／Instagram：@africanclimatealliance

タファズワ・チャンド（23歳）

ジンバブエの若き反気候変動運動家。マグナ・ユース・アクション（Magna Youth Action）の創立者。14歳のときから社会運

動に参加している。Twitter：@tafaddwilliams

デルファン・カーゼ（25歳）

ブルンジの社会起業家、改革者、反気候変動運動家。ギテガ・ポリテクニック大学で環境科学（気候と生物多様性）の理学士号を取得。ブルンジの台所で使うクリーンなエネルギーを提供する社会企業、カーゼ・グリーン・エコノミー株式会社（KAze Green Economy Ltd：KAGE）の創立者で、CEOを務めている。Facebook：/delphin.kaze ／ Twitter：@kaze_delphin

エリザベス・ワンジル・ワトゥティ（24歳）

ケニアの反気候変動運動家。世界的な環境問題の解決を訴え、若い人たちに環境について教育する団体、グリーン・ジェネレーション・イニシアチブ（Green Generation Initiative）の創立者。2019年には、その年のアフリカ・グリーン・パーソン賞（Africa Green Person of the Year Award）がイレブン・イレブン・トゥエルブ財団（Eleven Eleven Twelve Foundation）（訳注：ナイジェリアに本部を置く、環境の持続可能性に取り組むNPO）から授与されたほか、アフリカ・ユース・アワード（Africa Youth Awards）（訳注：社会的に影響力のある活動をしたアフリカの若者を表彰する機関）によって「影響力のあるアフリカの若者100人」のうちの1人に選出された。Twitter：@lizwathuti

ネイ・マリー・エイダ・ンディエゲン（24歳）

セネガルの土木エンジニア、反気候変動運動家、作家、起業家。リサイクルされた資材で農家に向けて倉庫を建設するほか、アフリカの地元で作られたオーガニック食材を宣伝するプラットフォームを運営する組織ナワーリ（Nawari）や、セネガルで気候変動と闘う環境問題の専門家グループ、アンヴィロンマンタリスト（Environnementalistes）（訳注：フランス語で「環境問題の専門家たち」の意）を運営している。Instagram：@a_senegalese_writer

ゾーイ・バックリー・レノックス（26歳）

オーストラリア、ブリスベンの反気候変動運動家。何年にもわたりグリーンピースで活動し、北極圏や南極圏での石油の採掘やオキアミ漁に対する抗議運動を現地で行っている。

ルーデス・フェイス・アウフラ・パレフイア（18歳）

オークランド出身の学生。気候変動対策と先住民の権利のために闘っていて、現在、マヌレワ選挙区の緑の党公認候補者でもある。Facebook：/lourdesfvano ／ Twitter：@lourdes_vano

アレクサンダー・ホワイトブルック（25歳）

持続可能な水の管理を求める運動家、水のための世界若者会議（World Youth Parliament for Water）の役員。世界水パートナーシップ（Global Water Partnership）（訳注：世界の統合的水資源管理を促進するための国際ネットワーク。ストックホルムに本部を置き、183カ国、3000以上のメンバーがいる）の運営委員会メンバーを務めたり、地域協力の専門家グループの一員として国連水関連機関調整委員会（UN-Water）に助言したりしている。

コマル・ナラヤン（27歳）

フィジーと太平洋諸島を代表する反気候変動運動家。フィジー・未来の世代のための同盟（Alliance for Future Generations Fiji）でアシスタント・コーディネーターを務める。現在は開発学の修士課程に在学し、フィジーにおける気候変動による集落の移転に関する研究を行っている。また、優秀な若手気候運動家に授与される参加補助グリーン・チケットを獲得して、国連ユース気候行動サミット（UN Youth Climate Summit）へ参加したほか、COP23、COY13、COP25、COY15にも参加した。Facebook：/Komal.kumar.750331／Instagram：@karishma.komal92

カイラシュ・クック（17歳）

サンゴ礁と海の生態系をこよなく愛する、オーストラリアの高校生。世界中のサンゴ礁を健康に保つためのサンゴ回復活動に参加したり、グレート・バリアリーフ復元シンポジウムやモーリシャスで開かれたプラン・フォー・ザ・プラネット会議（Plan for the Planet）で研究成果を発表したりしている。

マデレーン・ケイティラニ・エルセステ・ラヴェマイ（22歳）

学生、気候変動と闘う太平洋諸島の学生の会（Pacific Islands Students Fighting Climate Change：PISFCC）の共同創立者。現在は、国際司法裁判所から人権と気候変動に関する勧告的意見を得るために、太平洋諸島諸国からの支援を求めている。
Twitter：@pisfcc

フレイア・メイ・ミモザ・ブラウン（17歳）

2019年のメルボルン・気候のための学校ストライキの運営に関わった学生。現在は国際バカロレア課程の最終学年で、今後は気候科学の研究の道へ進みたいと考えている。
Facebook：/freyammbrown／Instagram：@freyamimosa

カーロン・ザクラス（19歳）

環礁の国、マーシャル諸島出身の学生。2019年にマドリードで開かれたCOP25で、気候変動が故郷にもたらしている危機について発言した。Twitter：@thejajok

訳者あとがき

2019年冬に私は、ドイツのフランクフルトで行われた〈未来のための金曜日（フライデーズ・フォー・フューチャー）〉のデモに初めて参加する機会がありました。若い生徒や学生の他にも、主婦、労働組合員、農家、学者など、老若男女さまざまな立場の人が参加していて、具体的な訴えも人によって違いました。その多様さに私は驚くとともに、気候変動という大きな問題にはいろいろな側面があり、解決へのアプローチも1つではないことを実感しました。

この本にも多様性があります。原著編者のアクシャート・ラーティも書いているように、執筆者の60人の若者たちは、気候変動の解決に向けて運動しているという点では同じです。しかし国や育った環境、専門に学んだこと、それに目の前の被害などが違うので、着眼点や運動の手法もさまざまです。考え方の違いは決して弱点ではありません。多様な考えがある中でもお互いを認め合いつつ、共通の大きな問題に一致して向き合うという、「多様性の中での団結」(Unity in diversity)こそが、これからの世界をより良いものに変えていく鍵となるからです。この本はまさにそれを体現しているのではないでしょうか。

地球規模の問題と向き合うためには、そのいろいろな側面を知ることが大切です。世界中のどこにどんな課題があり、誰がどういう運動をしているのかを具体的に知る手がかりとして、この本は『GIZMODE』や『Chemistry World』といったメディアでも紹介され、英語圏で高く評価されています。この本が日本でも同様の役割を果たし、考えたり行動したりするきっかけになれば、訳者としてうれしく思います。

吉森 葉

※本書記載の情報は、原書刊行の2020年時点のものです

編者 アクシャート・ラーティ Akshat Rathi

ロンドン在住のブルームバーグ記者。気候とエネルギー問題を担当。オックスフォード大学で有機化学博士号取得。2019年ブリティッシュ・ジャーナリズム賞最優秀科学ジャーナリズム部門最終候補。

訳者 吉森 葉 よしもり・よう

1991年生まれ。東京外国語大学外国語学部ドイツ語専攻卒業、同大学院総合国際学研究科博士前期課程修了。高校の非常勤講師などを経て、翻訳に従事。

翻訳協力　株式会社トランネット　http://www.trannet.co.jp/
装　丁　黒瀬章夫(Nakaguro Graph)
編　集　浅井貴仁(ヱディットリアル株式會社)　村上 清

気候変動に立ちむかう子どもたち
世界の若者60人の作文集

2021年4月3日第1版第1刷発行

編　者　アクシャート・ラーティ
訳　者　吉森 葉
発行人　岡 聡
発行所　株式会社太田出版
〒160-8571
東京都新宿区愛住町22　第3山田ビル4F
電話03(3359)6262　振替00120-6-162166
ホームページhttp://www.ohtabooks.com
印刷・製本　中央精版印刷株式会社

乱丁・落丁はお取替えします。本書の一部あるいは全部を無断で利用(コピー)するには、
著作権法上の例外を除き、著作権者の許諾が必要です。

ISBN978-4-7783-1743-0 C0095

©Yo Yoshimori 2021,Printed in Japan.